ハンズオンで学ぶ AWS Amazon Web Services コスト最適化入門

アイレット株式会社
緒方遼太郎／久志野裕矢
濱田匠 著

C&R研究所

■権利について

- 本書に記述されている社名・製品名などは、一般に各社の商標または登録商標です。
- 本書では™、©、®は割愛しています。

■本書の内容について

- 本書は著者・編集者が実際に操作した結果を慎重に検討し、著述・編集しています。ただし、本書の記述内容に関わる運用結果にまつわるあらゆる損害・障害につきましては、責任を負いませんのであらかじめご了承ください。
- 本書については2024年5月現在の情報を基に記載しています。

●本書の内容についてのお問い合わせについて

この度はC&R研究所の書籍をお買いあげいただきましてありがとうございます。本書の内容に関するお問い合わせは、「書名」「該当するページ番号」「返信先」を必ず明記の上、C&R研究所のホームページ(https://www.c-r.com/)の右上の「お問い合わせ」をクリックし、専用フォームからお送りいただくか、FAXまたは郵送で次の宛先までお送りください。お電話でのお問い合わせや本書の内容とは直接的に関係のない事柄に関するご質問にはお答えできませんので、あらかじめご了承ください。

〒950-3122 新潟県新潟市北区西名目所4083-6　株式会社 C&R研究所　編集部
FAX 025-258-2801
『ハンズオンで学ぶ AWSコスト最適化入門』サポート係

PROLOGUE

金の切れ目が縁の切れ目

クラウドコンピューティングは、現代のテクノロジーにおいて革命的な変革をもたらしました。その中でもAmazon Web Services(AWS)は、企業や個人が柔軟なITインフラストラクチャを構築し、革新的なアプリケーションを展開するための強力なプラットフォームとなりました。

しかし、メリットを最大限に享受するためにはいくつかのハードルがあります。特にはじめてAWSに触れる初心者にとっては、未踏の地へ足を踏み入れるときのように、コンパスのような指針に従った舵取りがとても重要になると考えています。

指針がないことによる失敗の中でも、AWSの利用し始めた時期にコスト面での失敗を起こし、それによってクラウドサービスの利用を辞めるきっかけにしてほしくないと思っています。

なぜこのように考えているかというと、コスト面の失敗は正しい知識を持っていることや、正しく設定することによって、避けることの可能な失敗だからです。

本書では、AWS利用者が賢明なコスト管理戦略を学び、最適なコストでクラウドリソースを活用するサポートを提供します。

2024年5月

アイレット株式会社
緒方遼太郎、久志野裕矢、濱田匠

本書について

対象読者について

本書はAWSの基本を習得済みの読者を想定しています。AWSの基本操作などについては解説を割愛しております。あらかじめご了承ください。

執筆時の動作環境について

本書は2024年5月現在の環境をもとに記述しています。AWSの仕様変更などにより、ユーザーインターフェースや表記などが変更になる場合があります。あらかじめご了承ください。

また、言語設定は日本語を基本にしています。言語設定により、表記などが異なりますので、あらかじめご了承ください。

本書に記載したソースコードについて

本書に記載したサンプルプログラムは、誌面の都合上、1つのサンプルプログラムがページをまたがって記載されていることがあります。その場合は▼の記号で、1つのコードであることを表しています。

また、紙面の都合上、本来は1行で記述するコードが折り返しになっている箇所があります。実際のコードについては、サンプルファイルをご確認ください。

CONTENTS

●序 文 …… 3

●本書について …… 4

CHAPTER 01

請求内容の確認方法と過剰請求されたときの対処法

001 料金の確認方法 …… 10
- ▶AWS Billing and Cost Management …… 10
- ▶「AWS Billing and Cost Management」へのアクセス方法 …… 10

002 使用状況の管理サービス「AWS Cost Explorer」の概要 …… 12
- ▶AWS Cost Explorerとは …… 12

003 AWS Cost Explorerのハンズオン …… 13
- ▶コスト概要 …… 14
- ▶コストの傾向 …… 14
- ▶日別の非ブレンドコスト …… 15
- ▶グラフの変更 …… 16

004 身に覚えがない請求がきた場合の対処方法 …… 18
- ▶AWSアカウントを持っていないのにAWSから請求 …… 19

005 不本意な高額請求について …… 20
- ▶AWSアカウントの重要な情報流出による不正利用 …… 20
- ▶リソースの削除し忘れ …… 20
- COLUMN 請求書に「OCB～」という項目で高額請求 …… 21

006 「うっかり課金」されがちなポイント …… 22
- ▶要因① 無料枠ではないキャパシティーのリソースを利用してしまう …… 22
- COLUMN AWSで20万円溶かした話 …… 23
- ▶要因② 使用していないElastic IPアドレスを解放しないまま放置してしまう …… 23
- ▶要因③ リソースを削除したつもりが違うリージョンに残っている …… 23
- ▶要因④ スナップショットがバックアップとして残ってしまっている …… 24
- ▶要因⑤ 停止したAmazon RDSが気づかないうちに再起動されている …… 24
- COLUMN ElastiCacheの設定に注意 …… 25
- ▶本章のまとめ …… 25

CHAPTER 02

初心者にありがちな予想外の請求例とその対策

007　初心者が陥りがちな高額課金の例 …… 28

008　使用していないElastic IPアドレスを保持し続けた失敗 …… 29
▶不使用EIPによる不要課金への対策 …… 30

009　不使用リソースを消し忘れた失敗 …… 32
▶不使用リソースの消し忘れの対策 …… 32

010　不要なスナップショットが残っている失敗 …… 35
▶不要スナップショットの保持への対策 …… 35

011　意図せず再起動したAmazon RDSによる失敗 …… 38
▶意図せず再起動するAmazon RDSへの対策 …… 39

012　インスタンスの無料枠を超えた使用による失敗 …… 47
▶インスタンスの無料枠を超えた使用による失敗への対策 …… 48

013　不正利用されてしまう失敗 …… 50
▶不正利用されてしまう失敗への対策 …… 50
▶本章のまとめ …… 53

CHAPTER 03

コスト見積もりと予算管理のハンズオン

014　コスト見積もりサービス「AWS Pricing Calculator」の概要 …… 56
▶AWS Pricing Calculatorとは …… 56
▶注意事項 …… 56

015　AWS Pricing Calculatorのハンズオン …… 59
▶見積もりの作成の開始 …… 59
▶「EC2の仕様」の設定 …… 61
▶「お支払いオプション」の設定 …… 63
▶Amazon EBSの見積もりを追加 …… 65
▶概要の保存と表示 …… 66

016　コスト配分サービス「AWS Cost Categories」の概要 …… 68
▶AWS Cost Categoriesとは …… 68
▶ユースケース …… 68

017 AWS Cost Categororiesのハンズオン …… 69
▶AWS Cost Categororiesの起動 …… 69
▶コストをグループ化 …… 69
▶カテゴリルールを定義 …… 70
▶コストを分割 …… 71
▶その他の詳細を追加 …… 73
▶結果の確認 …… 73
▶分割料金を設定する際の留意点 …… 74

018 コスト追跡サービス「AWS Budgets」の概要 …… 75
▶AWS Budgetsとは …… 75
▶ユースケース …… 75
▶応用的なユースケース …… 76

019 AWS Budgetsのハンズオン …… 77
▶AWS Budgetsの起動と予算の作成の開始 …… 77
▶予算タイプの選択 …… 78
▶月次コスト予算の設定 …… 79
▶予算のカスタマイズについて …… 79

020 異常検出サービス「AWS Cost Anomaly Detection」の概要 …… 80
▶AWS Cost Anomaly Detectionとは …… 80
▶ユースケース …… 80

021 AWS Cost Anomaly Detectionのハンズオン …… 81
▶事前の準備 …… 81
▶コストモニターの作成 …… 82
▶アラートサブスクリプションの作成 …… 84
▶検出履歴 …… 86
▶Eメールアラートから異常値を表示する …… 87
▶AWSコスト管理コンソールから異常を表示する …… 87
▶Amazon SNSトピックから異常を表示する …… 88

CHAPTER 04

コスト分析

022 Amazon QuickSightとは …… 92
▶Amazon QuickSightの特徴 …… 92
▶Amazon QuickSightのメリット …… 92

023 AWS Cost and Usage Report(CUR)とは …… 94
▶AWS Cost and Usage Report(CUR)の特徴 …… 94
▶AWS Cost and Usage Report(CUR)のメリット …… 94

024 「QuickSightとCUR」を使用したコスト分析のハンズオン ……… 95
▶コストと使用状況レポートの作成 ……95
▶Amazon QuickSightのアカウントの作成…… 100
▶Amazon QuickSightの設定 …… 104
▶QuickSightで作成できるグラフの例 …… 107

■CHAPTER 15

長期にわたるコスト対策

025 クラウド利用料を削減するための基本方針 ……110
▶不要リソース削除 …… 110
▶冗長構成を見直す …… 110
▶適切なサーバースペックにする…… 110
026 コスト最適化サービスの概要 ……111
▶EC2 RI(リザーブドインスタンス) …… 111
▶Savings Plans…… 111
▶AWS Trusted Advisor …… 112
027 AWS Compute Optimizerのハンズオン ……115
▶推奨レポートの確認 …… 115
▶対象のインスタンスの選択 …… 117
▶インスタンスタイプの変更…… 117

●おわりに ……118
●索 引 ……119
●参考文献……124

CHAPTER 01

請求内容の確認方法と過剰請求されたときの対処法

AWSのサービスを利用する際、時には予期せぬ理由で請求額が増加してしまうことがあります。本章では、過剰請求された場合に対処するための手順を解説します。請求内容の詳細な確認方法や、過剰請求の可能性がある原因の特定方法について説明します。

SECTION-001

料金の確認方法

AWSを利用する際には、料金の把握と管理が重要です。AWSの料金の確認方法について基本的な手順を紹介します。

AWS Billing and Cost Management

AWS Billing and Cost Managementは、AWSユーザーがAWSサービスを使用した際のコストを管理し、請求情報を追跡するためのツールとサービスです。このサービスは、請求書の確認、AWSでどのくらい課金されているかのコストの分析、コストの予測、およびコストの最適化に役立てることができます。

日本語にも対応しており、支払履歴、未払い料金の処理も可能になっています。

「AWS Billing and Cost Management」へのアクセス方法

AWSアカウント開通直後のデフォルト設定では、請求情報へアクセスすることができるのはルートユーザーのみとなっています。ルートユーザーはAWSアカウント開通時だけ使用するユーザーであり、IAMドキュメントでは、日常の作業でルートユーザーを使用しないことを推奨しています(サポートプラン変更など、ルートユーザーしか設定できない場合は除きます)。

請求書情報へアクセスしたいIAMユーザー(たとえば、AWS管理者ユーザー、経理部門ユーザー、Terraformユーザーなど)にBillingポリシーをアタッチする必要があります。次のよう手順で設定します。

❶ ルートユーザーでサインインします。

❷ ナビゲーションバーでアカウント名をクリックし、表示されるメニューから[アカウント]を選択します。

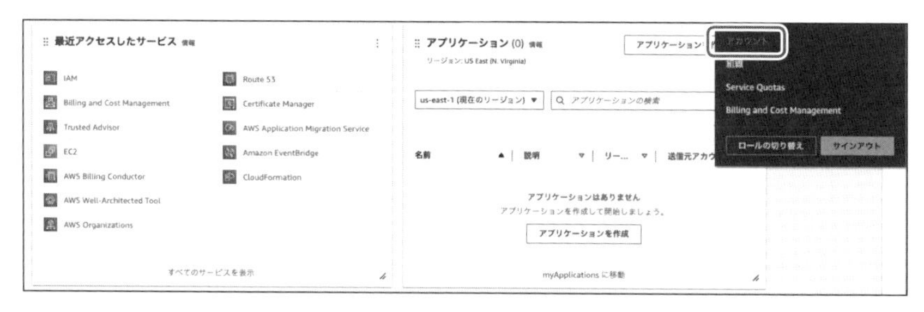

❸ IAM ユーザーと請求情報へのロールアクセス権の横にある[編集]ボタンをクリックします。

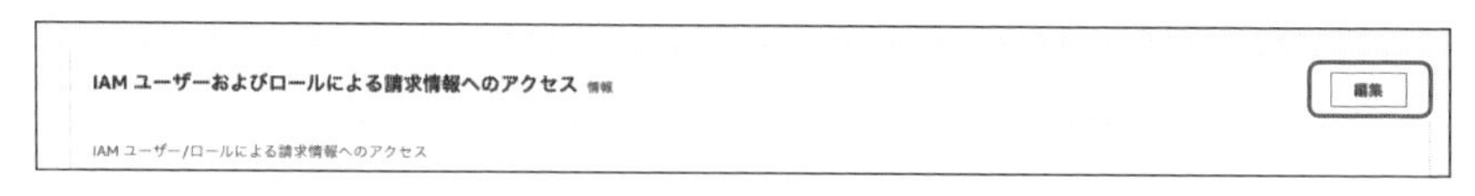

❹ [IAMアクセスをアクティブ化]をONにして、請求およびコスト管理のコンソールページへのアクセスを有効にします。その後、[更新]ボタンをクリックします。なお、この設定はデフォルトでは無効になっているため、ルートユーザーが手動で有効にする必要があります。

❺ 下図のように有効化済みとなっていれば大丈夫です。

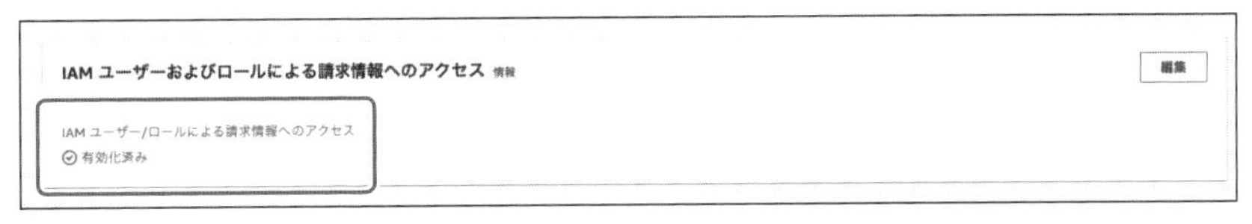

❻ Identity and Access Management(IAM)を開きます。

❼ 請求情報へアクセスしたいアIAMユーザーを作成します。そのアカウントにはBilling「AWS マネージドジョブ機能ポリシー Billing」のロールをつけてください。

IAMユーザー作成の詳細については、下記のAWS公式ドキュメントを参照してください。

URL https://docs.aws.amazon.com/IAM/latest/UserGuide/tutorial_billing.html

これで請求情報を見ることができるIAMユーザーが作成することができたので、請求情報を確認していきましょう。

SECTION-002

使用状況の管理サービス「AWS Cost Explorer」の概要

AWSは使用した分だけ請求される仕組みです。請求額が初期の見積もりと比較して高額になる場合、どのAWSサービスがその要因かを特定する必要があります。

ここでは、コスト追跡の方法を紹介しつつ、AWSサービスを具体的な例として挙げて説明します。

AWS Cost Explorerとは

AWS Cost Explorerは、コストと使用状況の表示および分析に使用できるツールです。主な用途として、Cost Explorerコストと使用状況レポート、またはCost Explorer RIレポートを使用して、使用状況とコストを確認できます。過去12カ月までのデータを表示し、将来の12カ月間にどれくらい費やす可能性が高いかを予測することもでき、また、リザーブドインスタンスを購入するための推奨事項を取得できます。AWS Cost Explorerは、さらなる調査が必要な分野を特定し、コストを理解するのにも役立ちます。

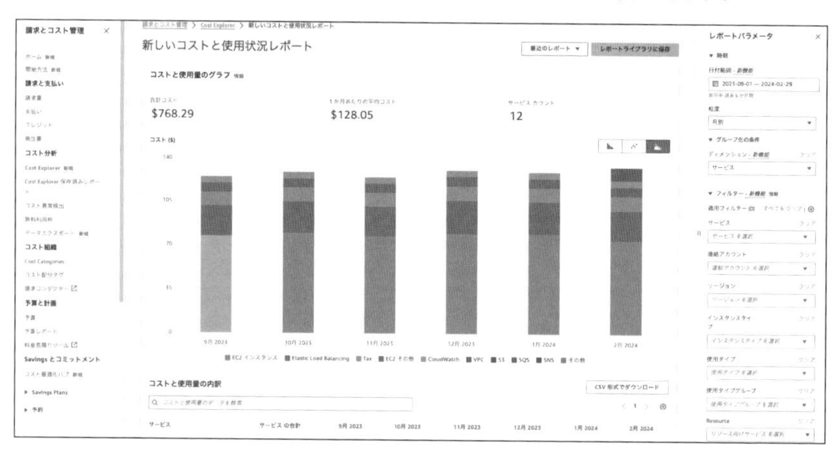

なお、AWS Cost Explorerのユーザーインターフェイスを使用してコストと使用状況を表示することは無料です。Cost Explorer APIを使用して、プログラムでデータにアクセスすることもできますが、その場合はページ分割されたAPIリクエストごとに0.01USDの料金が発生します。なお、一度Cost Explorerを有効にした後は無効に戻すことはできません。

SECTION-003

AWS Cost Explorerのハンズオン

AWS Cost Explorerでコスト表示をしてみます。

まず、AWSマネジメントコンソールにサインインし、検索窓に「Cost Explorer」と入力して、表示された一覧から「AWS Cost Explorer」を選択します。

これでAWS Cost Explorerが起動します。

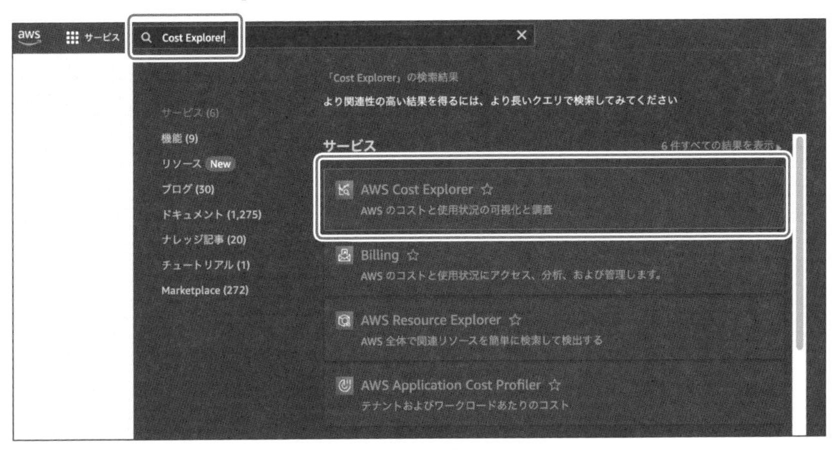

コスト概要

左ペインの[ホーム]をクリックすると、AWS Cost Explorerのダッシュボードが表示され、上部には「今月のコスト」と「月末の予測コスト」が表示されています。

「今月のコスト」には今月これまでに発生した見積り料金が表示され、先月の同じ時点と比較されます。

「月末の予測コスト」には月末に支払わなければならないAWS Cost Explorerによる見積り額が表示され、前月の実際のコストと比較されています。

なお、「今月のコスト」と「月末の予測コスト」には返金は含まれません。また、料金は米ドルでのみ表示されます。

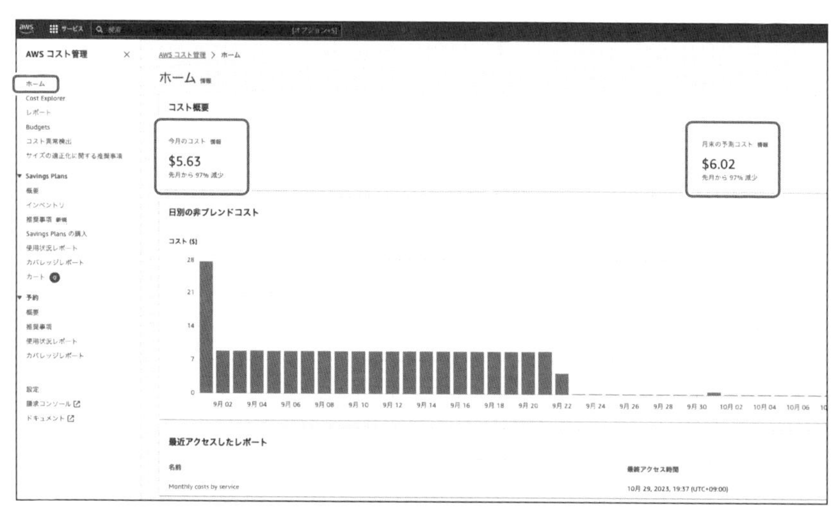

コストの傾向

AWS Cost Explorerのダッシュボードの右側には今月の傾向のセクションがあり、AWS Cost Explorerが最も顕著なコストの傾向を表示しています。

たとえば、特定のサービスに関連するコストの増加、特定のタイプのRIのコストが増加した場合に役立ちます。

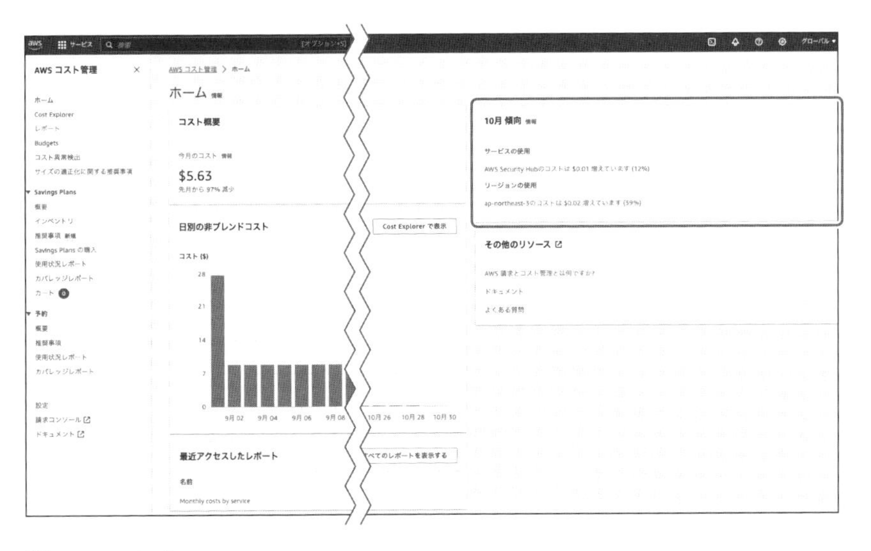

Ⅲ 日別の非ブレンドコスト

AWS Cost Explorerダッシュボードの中央には、現在の非ブレンドコストの日別グラフが表示されています。

グラフを作成するために使用するフィルターとパラメータにアクセスするには、このセクションの右上にある[Cost Explorerで表示]ボタンをクリックします。

これにより、ユーザーはCost Explorerレポートページに移動できます。

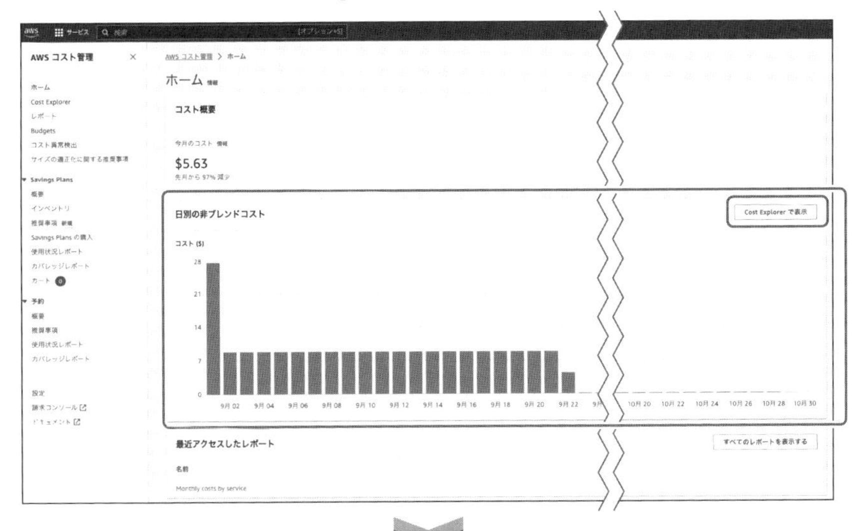

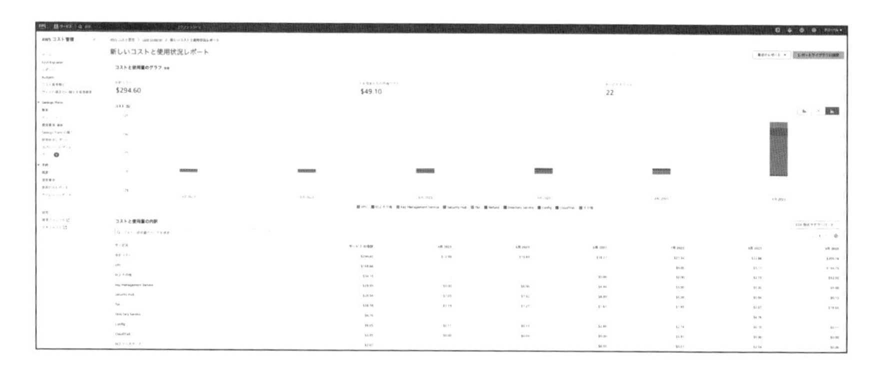

グラフの変更

ここでは、AWSマネジメントコンソールからグラフを変更し、さまざまな変更セットを作成してみましょう。

▶グラフの形式

AWS Cost Explorerでは、コストデータのグラフ表示で3種類の形式を使用できます。

- 棒グラフ(Bar)
- 積み上げ棒グラフ(Stack)
- 折れ線グラフ(Line)

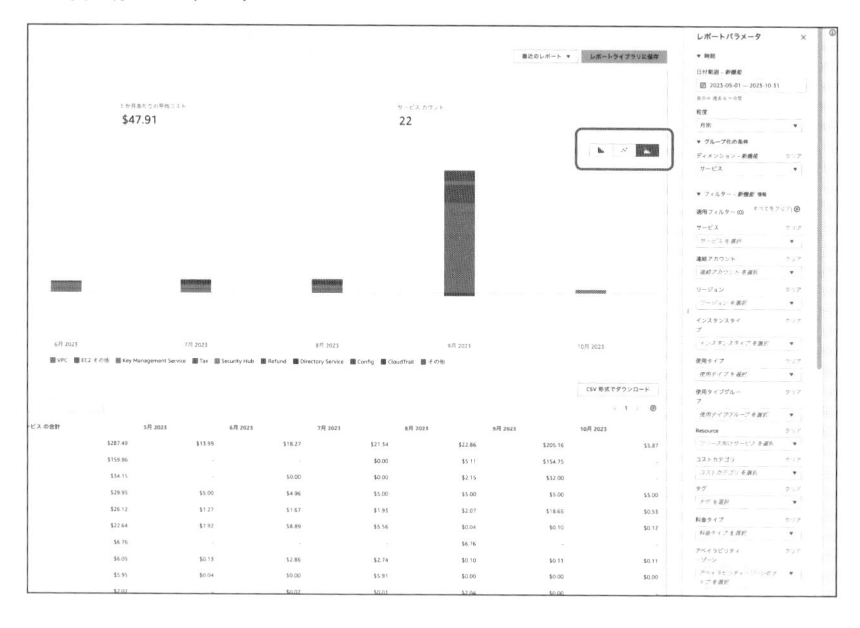

▶レポートパラメータ

レポートパラメータは4つの設定があり、それぞれの設定を入力する必要があります。

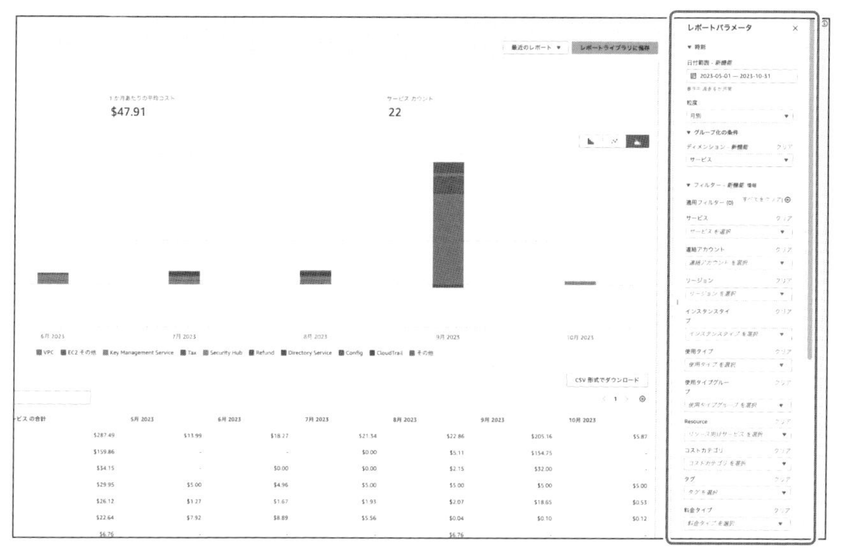

● 時刻

月次または日時の詳細度でコストデータを表示するように選択したり、任意の時間範囲を設定し使用したり、またカスタムで開始日と終了日を設定したりすることが可能です。

● グループ化条件

グループ化条件はオプションとして設定できます。

［フィルター］制御を使用して、コストデータの表示を設定します。［Group By］オプションを選択して、グループ化のカテゴリを選択でき、グラフの下にあるデータテーブルでも、選択したカテゴリによってコストの数値がグループ化されます。

● フィルタリング

最も利用が多いサービス、最もトラフィックが発生しているアベイラビリティーゾーン（AZ）、およびAWSを最も多く利用したメンバーアカウントなどを確認できます。また、複数のフィルターを適用して重なったデータセットを表示することも可能です。

具体的なフィルタリングについては、下記の公式ドキュメントを参照してください。

URL https://docs.aws.amazon.com/ja_jp/cost-management/latest/userguide/ce-filtering.html

● 詳細オプション

［Advanced Options］を使って特定の種類のデータを含める、または含めないを選択することで、表示させるデータをカスタマイズさせることができます。

具体的な詳細オプションについては、下記の公式ドキュメントを参照してください。

URL https://docs.aws.amazon.com/ja_jp/cost-management/latest/userguide/ce-advanced.html

身に覚えがない請求がきた場合の対処方法

ここでは、身に覚えのない請求が届いた場合に取るべきステップについて解説します。

まず、請求書を注意深く確認し、誤請求の可能性があるかどうかを見極めます。次に、AWS Management Consoleの請求情報や利用履歴を調査し、請求額の原因を特定します。

もし原因が特定できない場合は、AWSサポートへ問い合わせを行うことで原因を特定することも可能です。身に覚えのない請求に遭遇した際に、冷静に対処するためのステップを理解することで、問題解決に効果的に取り組むことができます。

対処時のワークフローは次のようになります。

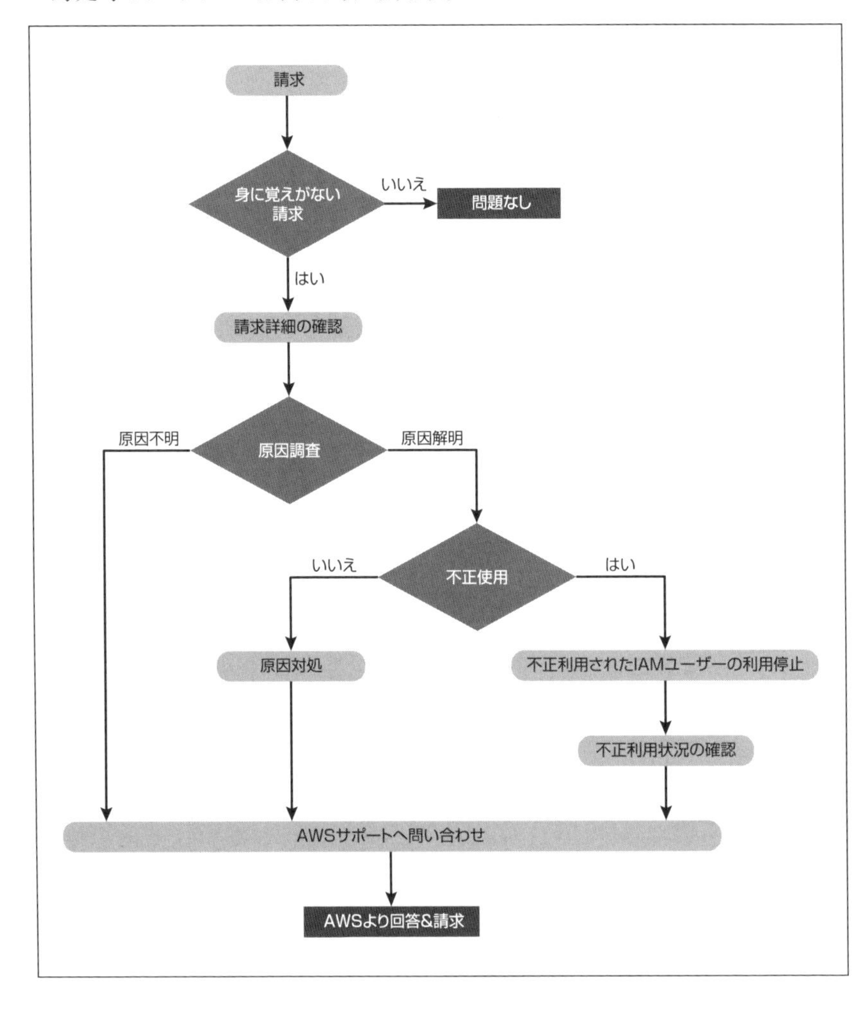

AWSアカウントを持っていないのにAWSから請求

昨今、詐欺メールなども多くなってきているため、まずは請求がAWSからのものであることを確認してください。

AWSであることを確認できた場合は、支払い情報(クレジットカード情報)が盗まれて他人に使用されている可能性があります。フィッシング詐欺、スキミングなど、さまざまな理由からクレジットカードの不正利用を行い、AWSの支払い情報を登録した事例などもあります。その場合は、いち早く警察やクレジットカード会社に相談することによって被害を最小限に抑えてください。

不本意な高額請求について

AWSの不本意な請求は大きく次の2パターンに分けられると思います。

- AWSアカウントの重要な情報流出による不正利用
- リソースの削除し忘れ

それぞれがどのように起きるのかを見てみます。

AWSアカウントの重要な情報流出による不正利用

最も高額になりやすいのがこのパターンです。どのパターンも根本的な原因のほとんどが「アクセスキーIDとシークレットアクセスキーの流出」です。

IAMユーザーを作成した際に発行されるキーの一種です。このキーを使うと、作成したIAMユーザーの権限を使うことができます。そのため、もし仮に「EC2インスタンスの立ち上げ」が行えるユーザーであった場合、その権限を利用され、高性能のインスタンスを立ち上げられ仮想通貨マイニングに利用されたりします。絶対に流出しないように心がけてください。

具体的な流出経路は、GitHubのパブリックリポジトリを使用し、アクセスキーを公開しまったときに、瞬時に情報を抜かれ不正利用されたケースが多いです。裏では、GitHubにはアクセスキーを検索するBotが常に動いていて、公開すると一瞬で機密情報が盗まれるので気を付けてください。

▶対処法

git-secretsというツールを導入すると、アクセスキーIDやシークレットアクセスキーがcommit／pushするデータに含まれていないかどうかチェックできます。積極的に導入していきましょう。

git-secretsの詳細は下記のURLを参照してください。

URL https://github.com/awslabs/git-secrets

リソースの削除し忘れ

勉強用にリソースを立ち上げたが、削除し忘れ、放置していたら請求が届いてびっくりするとういうケースがあります。筆者もデモで作ったNATゲートウェイを消し忘れ、1000円くらいの請求が来た経験があります。

これへの対策は不要なリソースは削除を徹底することです。CloudFormationなどを用いてStackで管理すると、消し忘れを少なくすることができます。ハンズオンなどをやる場合でも、どのリソースを作ったかなどは適宜メモを取りながら進めると消し忘れがなくてよいでしょう。

また、リソース作成前にかかる料金を必ず調べるように心がけましょう。特に注意すべき主要な時間課金リソースは次の通りです。

▶EC2インスタンス(オンデマンド)

Amazon EC2をStop状態にしてもEBSには料金が発生するため注意してください。試しに立てるなら絶対にt2.microなどを選択しましょう。

▶Elastic IPアドレス

Elastic IPアドレス(EIP)は料金体系が少し複雑です。EC2に紐付けているものは料金が発生しませんが、紐付いていないものは、料金が発生します。詳しくは下記を参照してください。

URL https://repost.aws/ja/knowledge-center/elastic-ip-charges

▶NATゲートウェイ

1時間当たり0.062USD(+データ処理料金)が発生します。

▶Amazon RDS

時間単価が高く、放置していると最も課金がされてしまいます。Auroraだとdb.t2.smallで1時間当たり0.063USDかかるので気を付けましょう。

▶ELB

ELBは1時間当たり0.0243USD(+LCU料金)。こちらも負荷分散の勉強なので使用されることが多く、課金に気が付きにくいことが多いので使用していないものは、削除するようにしましょう。

COLUMN 請求書に「OCB〜」という項目で高額請求

AWS ElementalMediaLiveの利用を開始し、1カ月目請求がなく2カ月目の請求も1000円ほどで、3カ月目で利用しなくなったので月初に利用を停止しました。しかし、その後、突然「OCBAWSElementalMediaLiveへのサインアップの確認」というメールが届き、2万円ほどの高額請求がありました。

勝手に何かのサービスに登録されたのかと思い、調べるもわかりませんでしたが、AWSへ問い合わせたことで、詳細がわかり実際に払うべき料金であることがわかりました。最終的に支払うべき料金だったため支払いました。

OCBは「Out of Cycle Bill」の略で、AWS側で利用料が計測できなかったサービスの請求を毎月の利用料とは別の請求書で請求してきたときにサービス名の頭に付くようです。新しくリリースされたサービスの使用の際に起きたことでよくある話ではないようですが、かなり焦ったので共有しておきます。

SECTION-006

「うっかり課金」されがちなポイント

AWSを使い始める際、初学者がうっかり課金されがちな要因がいくつかあります。たとえば、無料枠を超えた課金や、サービスを停止せずに放置することなどが挙げられます。これらの失敗パターンを知っておくことで、同じ過ちを繰り返すことなく、より効率的にAWSを活用することができます。

要因① 無料枠ではないキャパシティーのリソースを利用してしまう

AWSにはアカウント作成から1年間は、AWS無料利用枠が存在します。ただし、サービスによっては利用時間の制約や使用量に制限があります。

たとえば、Amazon RDSの場合だと無料枠はdb.t2.micro、db.t3.micro、およびdb.t4g.microのデータベースインスタンスで合計して月に750時間と限られています。これ以外のインスタンスサイズを選択したり時間を超えてしまうと課金が発生しまうので、注意しましょう。Amazon RDSのデータベースを無料枠で作成する際には次の点に注意するようにしましょう。たとえば、db.t2.microサイズのインスタンスを2台立てていた場合、AWS側では「db.t2.microを1500時間立てていた」という認識になり、しっかり750時間分の請求がきます。小さいサイズとはいえ地味に痛いので気を付けてください。

具体的な対策は47ページを参照してください。

COLUMN　AWSで20万円溶かした話

Amazon EC2やAmazon RDSを使ってアプリ開発の勉強を行い、GlueやAthenaなどのサービスも使用していました。使用し始めて1カ月後、20万円の請求があることに気が付きました。

開発したEC2インスタンスなどのサービスは停止するのが基本ですが、一部のサービスを停止することを忘れていたため、不要なコストが発生していました。EC2インスタンスだけでなく、スナップショットの保持にも費用がかかることを当時は知らず、追加のコストが発生していることに気付きませんでした。

また、無料枠があると思い、いろいろと使用していましたが、実際の使用量を見落としていました。試行錯誤のために複数個のEC2インスタンスを立てており、無料枠の上限の時間750時間をかなり超えてしまっていたことも原因でした。

要因②　使用していないElastic IPアドレスを解放しないまま放置してしまう

このケースが一番多いです。デフォルト設定だと、EC2のパブリックIPアドレスは固定されていません。つまりEC2を停止して再度起動するような場合、パブリックIPアドレスが変わってしまい、「なぜか接続できない……」という事案が起こります。

これを避ける1つの方法がElastic IPアドレス（EIP）という、EC2専用の固定のIPアドレスを保持しておいて、使用するEC2に紐付けるという方法です。

EIPがEC2にアタッチされていて、かつEC2が起動中の状態では、EIPに対する課金はありませんが、EC2にアタッチされていない状態でそれを確保したままだと課金の対象になります。

関連付けされたインスタンスがない状態のEIPがあれば削除するようにしましょう。

具体的な対策は29ページを参照してください。

要因③　リソースを削除したつもりが違うリージョンに残っている

これは意外と気付きにくい点です。学習用にAWSリソースを利用してから、しばらくして課金がされていることに気付き、課金されているリソースを探してみたら見当たらないといったケースがあります。たとえば、自分では東京リージョンで作業していたつもりだったのに、間違えてバージニアリージョンにリソースを作成してしまっていたというような場合です。マネジメントコンソールの「実行中のインスタンス」などの表示はリージョンごとに異なるので、常にどこのリージョンで作業しているか確認するようにしましょう。

具体的な対策は32ページを参照してください。

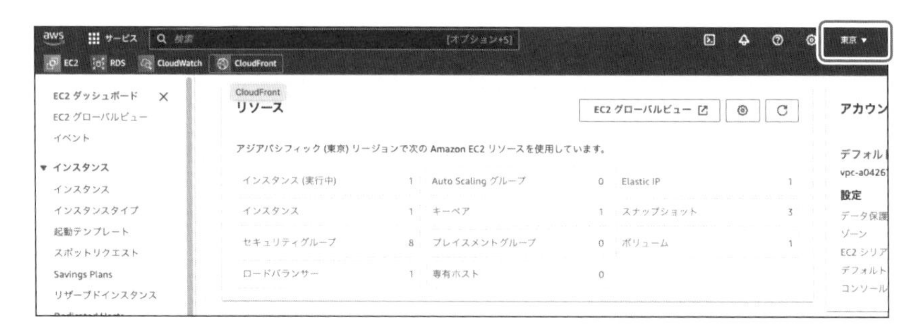

要因④　スナップショットがバックアップとして残ってしまっている

EC2でサーバーを立てた際に共にEBSを使用するケースが多くあると思います。このEBSにはスナップショットというバックアップを作成する機能があります。EC2を削除した際に、そのEC2で利用していたEBSのバックアップとして、スナップショットが作成されており、気付かず残っているスナップショットに対して課金されてしまうケースがあります。EC2とEBSボリュームを削除した後に、不要なEBSスナップショットが残っていないか確認するようにしてください。EC2コンソールの左側の「スナップショット」から確認することができます。

また、Amazon RDSのデータベースインスタンスに関しても同様のことがいえるので、データベースインスタンスの削除の際に関しても不要なスナップショットが残っていないか確認するようにしましょう。

具体的な対策は35ページを参照してください。

要因⑤　停止したAmazon RDSが気づかないうちに再起動されている

Amazon RDSの仕様として、Running（起動中）でもStopped（停止済み）でもストレージ料金がかかり、Running時は別途、時間あたりでも料金がかかるというようになっています。

しかし、Stoppedの状態はデフォルトでは、Amazon RDSデータベースインスタンスを一度に最大7日間しか停止できません。7日経過すると自動でRunningになる仕様があります。気付かないうちに起動していて時間あたりの費用もかかっていた、など、この仕様がEC2などと違う部分で、知らないと余計に課金されてしまいます。

「Runningにする必要はないけど取っておきたい」などの場合はイメージ作成し、インスタンスを削除したり、自動で落とすようなスクリプトを書いたりする必要があります。

いくつか方法はありますが、7日以上停止させたい場合は、Step Functionsを使用してメンテナンス期間を逃さずにワークフローを自動化できます。

具体的な対策は38ページを参照してください。

また、下記AWS公式の記事も参考になるでしょう。

URL https://repost.aws/ja/knowledge-center/rds-stop-seven-days-step-functions

COLUMN ElastiCacheの設定に注意

ある日、AWSからの請求メールを見てみると4万円ほどの請求があり、不正アクセスかと思い急いで請求の内訳を確認しました。するとElastiCacheの項目だけ、とんでもない金額になってました。

調べてみると、ElastiCacheは起動しているだけで料金が発生しており、しかも作成時デフォルトで高額の設定となるようにノードのタイプが選択されていました。

作成するときは、メモリの小さいものに手動で設定し直す必要があります。後々、知らなかったでは済まされないようになってしまうので十分に気を付けてください。

本章のまとめ

本章では高額請求が発生してしまった例やよくある課金されるポイントなど課金周りについて実体験をもとに解説をしました。勉強利用や無料枠利用であろうと課金周りについてはしっかり対策をしておくべきです。ぜひ、今後AWSの勉強を始めようと思っている方は、料金体系周りはしっかりチェックすることをおすすめします。

いざ高額請求が発生した場合もAWSのサポートセンターに問い合わせれば、場合によっては料金免除をしてくれる可能性もありますが、従量課金制なので請求が来てはじめて気が付くことが多いようです。いつどこで料金がかかっているのか理解をしてから使用することがとても重要になってきます。

次章では、高額請求にならないようにするための対策方法をお伝えします。

CHAPTER 02

初心者にありがちな予想外の請求例とその対策

クラウドコンピューティングは、そのクラウドの特性から効率的なリソースの利用の機会を提供してくれますが、知識不足による誤った管理方法や設定が原因で思わぬ高額請求を受けることがあります。これから、クラウドを利用しようと考えている読者の皆様の不安を煽ることになるかと思いますが、本章では、初心者が陥りがちな高額課金例を紹介し、それの回避方法を紹介していきます。

本章での例は高額課金事例の一部の紹介となるので不安になることもあると思いますが、その対策方法については次章以降でも紹介します。

SECTION-007

初心者が陥りがちな高額課金の例

AWSを活用することは、俊敏なビジネス展開やイノベーションの可能性を広げますが、その一方でAWSの利用を始めたばかりの初心者の場合は、不注意や知識不足によるコスト増加のリスクも伴います。初心者が陥りがちな高額課金の例には次のようなものがあります。

- 使用していないEIP(Elastic IP)を使い続けている
- 使い終わったサービスやリソースを使い続けている
- 不要なスナップショットが残っている
- RDSが不必要に再起動している
- インスタンスの使用量が無料枠を超えている
- 不正利用されている

本章では、コスト削減の第1歩目として、初心者が陥りがちな課金の仕組みの落とし穴と、それらに対処する方法について過去の高額な請求の事例から学んでいきます。その失敗事例とその対策方法を知ることで、コスト最適化の第1歩目を踏み出しましょう。

SECTION-008

使用していないElastic IPアドレスを保持し続けた失敗

AWSにはElastic IPアドレス(EIP)なるものが存在し、インスタンスに関連付けられる固定されたIPアドレスです。2024年2月1日より前では、AWSではEIPを利用しない場合に割り当てられるIPは、再起動する都度変更されます。

IPアドレスを固定したい用途の場合にEIPを利用します。2024年2月1日より前では、EIPはIPアドレスが紐づいているインスタンスが起動している間は課金されませんでしたが、2月1日よりインスタンスに紐づいていても課金されるようになっています。

EIPは、最初に設定したリージョン専用になるため、他のリージョンに移設して利用できません。

「Amazon EC2」インスタンスを作成時に自動的に付与される「パブリックIPアドレス」は、インスタンスを起動するごとに新しいIPアドレスに変化します。また、他のインスタンスに再マッピングすることもできません。つまり「パブリックIPアドレス」は、無料で利用可能ですが、あくまで一時的に利用できるIPアドレスになります。

そのため、インターネットからアクセスするようなサービスの場合は、EIPを利用する必要があります。

なお、2024年2月1日より、特定のサービスに割り当てられているかどうかにかかわらず、すべてのパブリックIPv4アドレスの利用に対して1IPアドレスあたり0.005USD/時間が課金されます(アカウントに払い出されているものの、どのEC2インスタンスにも割り当てられていないパブリックIPv4アドレスに関しては、すでに課金が適用されています)。

URL https://aws.amazon.com/jp/blogs/news/new-aws-public-ipv4-address-charge-public-ip-insights/

東京リージョンにおけるEIPのコストは次のようになっています(2024年5月16日時点)。

Elastic IP アドレス

実行中のインスタンスに関連付けられた Elastic IP (EIP) アドレスを無料で 1 つ取得できます。追加の EIP をそのインスタンスに関連付ける場合は、追加の EIP 毎に時間当たり (プロラタベース) の料金が請求されます。追加の EIP は Amazon VPC でのみ利用可能です。

Elastic IP アドレスを効率的に使用するため、これらの IP アドレスが実行中のインスタンスに関連付けられていない場合や、停止しているインスタンスやアタッチされていないネットワークインターフェイスに関連付けられている場合は、時間毎に小額の料金をご請求します。Bring Your Own IP (自分の IP アドレスを使用する) を使用して AWS に持ち込んだ IP アドレスプレフィックスから作成する Elastic IP アドレスは無料です。

リージョン: アジアパシフィック (東京)

- 0.005USD 実行中のインスタンスと関連付けられている追加の IP アドレス/時間あたり (プロラタベース)
- 0.005USD 実行中のインスタンスと関連付けられていない Elastic IP アドレス/時間あたり (プロラタベース)
- 0.00USD Elastic IP アドレスのリマップ 1 回あたり – 1 か月間で 100 リマップまで
- 0.10USD Elastic IP アドレスのリマップ 1 回あたり – 1 か月間で 100 を超えた追加のリマップについて

不使用EIPによる不要課金への対策

不要なEIPは次の方法で確認することができます。

❶ コンソールにログインした後、サービス検索窓に「Trusted Advisor」と入力してページを表示し、[Trusted Advisorにアクセス]ボタンをクリックします。

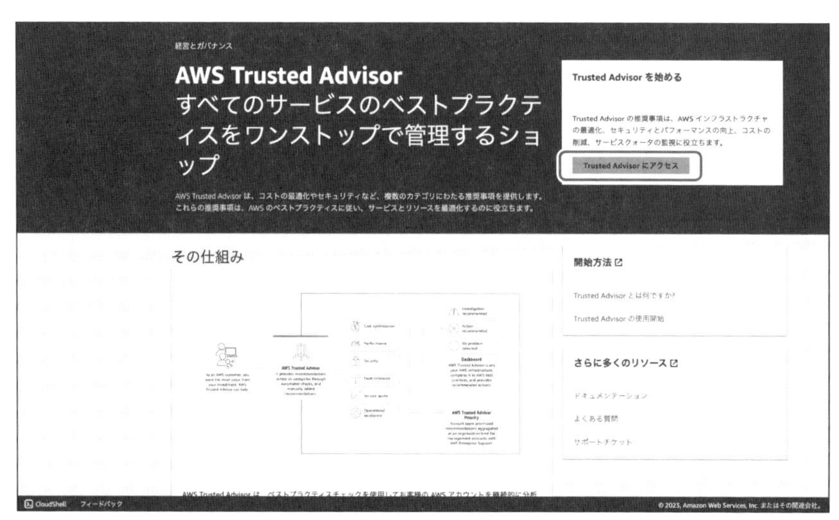

❷ 左ペインの「コスト最適化」をクリックします。

❸「関連付けられていないElastic IP Address」を確認します。

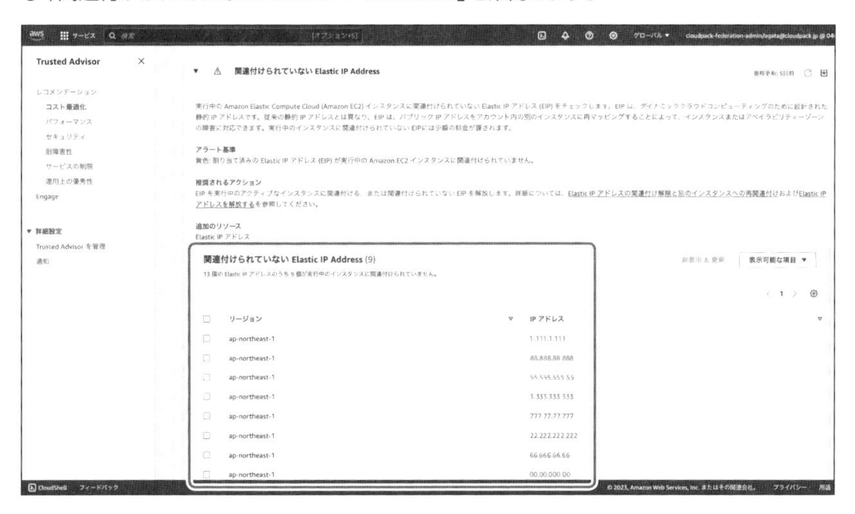

　無駄な課金を防ぐためには、使用していないEIPを解放しましょう。必要なくなったら、EIPを解放して他のインスタンスに再利用することができます。

不使用リソースを消し忘れた失敗

サービスやリソースを使い終わった後、そのまま放置すると従量課金制であるAWSにおいてはコストが膨らんでしまう可能性があります。EC2インスタンスやデータベースなどを削除したつもりでも、別のリージョンに残っている可能性があります。管理コンソールやAWS CLIを活用して、不要なリソースを適切に削除しましょう。

Ⅲ 不使用リソースの消し忘れの対策

残っているリソースの確認方法の1つとして次の方法を紹介します。

❶ サービス検索窓に「Resource Groups & Tag Editor」と入力して検索します。

❷ 左ペインより「タグエディタ」をクリックします。

❸ [リージョン]に「All regions」を選択します。

❹ [リソースタイプ]に「All supported resource types」を選択し、[リソースを検索]ボタンをクリックします。

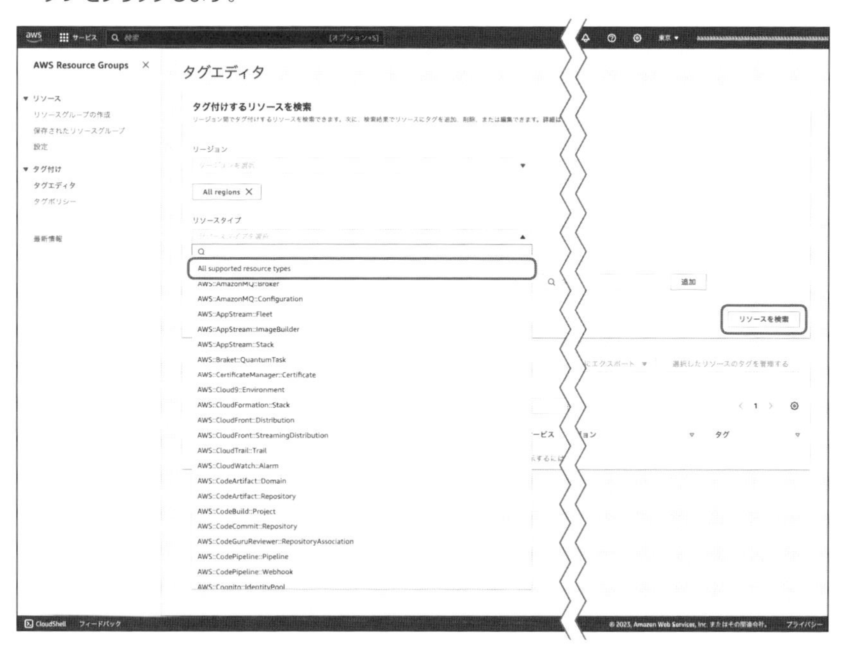

❺ 全リージョンのタグ付けが可能なリソースが表示されます。

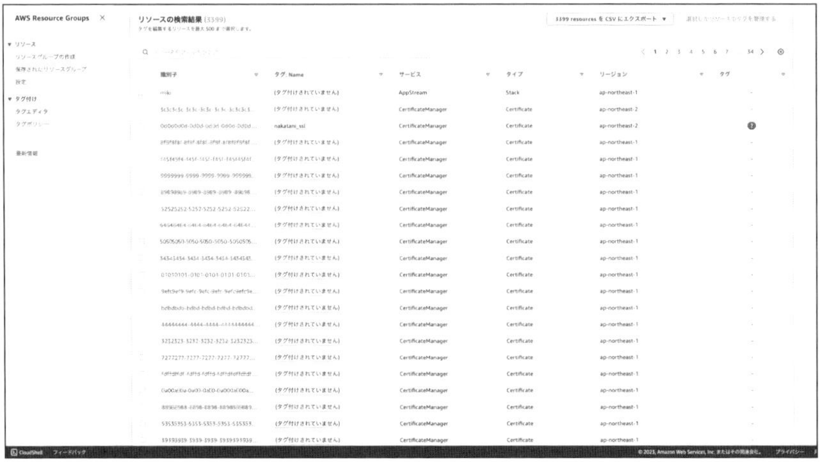

AWS Resource Groups ×

▼ リソース
リソースグループの作成
保存されたリソースグループ
設定
▼ タグ付け
タグエディタ
タグポリシー
最新情報

リソースの検索結果 (3399)
タグを編集するリソースを最大 500 まで選択します。

3399 resources を CSV にエクスポート ▼　選択したリソースのタグを管理する

〈 1 2 3 4 5 6 7 … 34 〉

識別子	タグ: Name	サービス	タイプ	リージョン	タグ
miki	(タグ付けされていません)	AppStream	Stack	ap-northeast-1	-
3c3c3c3c-3c3c-3c3c-3c3c-3c3c3c3...	(タグ付けされていません)	CertificateManager	Certificate	ap-northeast-2	-
0d0d0d0d-0d0d-0d0d-0d0d-0d0d...	nakatani_ssl	CertificateManager	Certificate	ap-northeast-2	●
8f8f8f8f-8f8f-8f8f-8f8f-8f8f8f8f...	(タグ付けされていません)	CertificateManager	Certificate	ap-northeast-1	-
f45f45f4-f45f-f45f-f45f-f45f45f4f...	(タグ付けされていません)	CertificateManager	Certificate	ap-northeast-1	-
9999999-9999-9999-9999-999999...	(タグ付けされていません)	CertificateManager	Certificate	ap-northeast-1	-
89898989-8989-8989-8989-89898...	(タグ付けされていません)	CertificateManager	Certificate	ap-northeast-1	-
52525252-5252-5252-5252-52522...	(タグ付けされていません)	CertificateManager	Certificate	ap-northeast-1	-
64646464-6464-6464-6464-64644...	(タグ付けされていません)	CertificateManager	Certificate	ap-northeast-1	-
50505050-5050-5050-5050-5050505...	(タグ付けされていません)	CertificateManager	Certificate	ap-northeast-1	-
34343434-3434-3434-3434-3434343...	(タグ付けされていません)	CertificateManager	Certificate	ap-northeast-1	-
01010101-0101-0101-0101-0101...	(タグ付けされていません)	CertificateManager	Certificate	ap-northeast-1	-
9efc9ef9-9efc-9efc-9efc-9efc9efc9e...	(タグ付けされていません)	CertificateManager	Certificate	ap-northeast-1	-
bdbdbdbd-bdbd-bdbd-bdbd-bdbdbd...	(タグ付けされていません)	CertificateManager	Certificate	ap-northeast-1	-
44444444-4444-4444-4444444444...	(タグ付けされていません)	CertificateManager	Certificate	ap-northeast-1	-
3232323-3232-3232-3232-3232323...	(タグ付けされていません)	CertificateManager	Certificate	ap-northeast-1	-
7277277-7277-7277-7277-72777...	(タグ付けされていません)	CertificateManager	Certificate	ap-northeast-1	-
fdffdffdf-fdffd-fdffd-fdffdfdffdfdf...	(タグ付けされていません)	CertificateManager	Certificate	ap-northeast-1	-
0a00a00a-0a00-0a00-0a00a00a00a...	(タグ付けされていません)	CertificateManager	Certificate	ap-northeast-1	-
88988988-8898-8898-88988988889...	(タグ付けされていません)	CertificateManager	Certificate	ap-northeast-1	-
53535353-5353-5353-5353-535353...	(タグ付けされていません)	CertificateManager	Certificate	ap-northeast-1	-
39393939-3939-3939-3939393939...	(タグ付けされていません)	CertificateManager	Certificate	ap-northeast-1	-

CloudShell　フィードバック　© 2023, Amazon Web Services, Inc. またはその関連会社。　プライバシー

このように全リージョンのタグ付けが可能なリソースを一斉に表示することができます。ここではタグが付いていないリソースも表示できます。ここで放置していると課金されるリソースをフィルタリングにより抽出し、削除をすることで不要な課金を防ぐことができます。

不要なスナップショットが残っている失敗

AWSではEBSスナップショットという機能で、ストレージのバックアップを取ることができます。

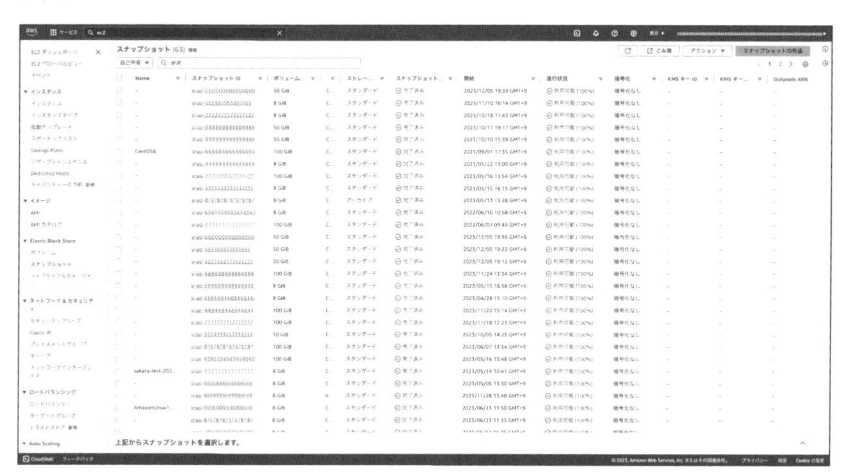

スナップショットは重要なデータの保存手段ですが、不要なスナップショットがバックアップとして残ってしまうと、ストレージコストが上昇します。定期的にスナップショットを見直し、不必要なものを削除してコストを削減しましょう。

不要スナップショットの保持への対策

Amazon Data Lifecycle Managerを使用して、EBSスナップショットとEBS-backed AMIの作成、保持、削除を自動化できます。

❶ EC2サービスの左ペインよりライフサイクルマネージャーを選択します。

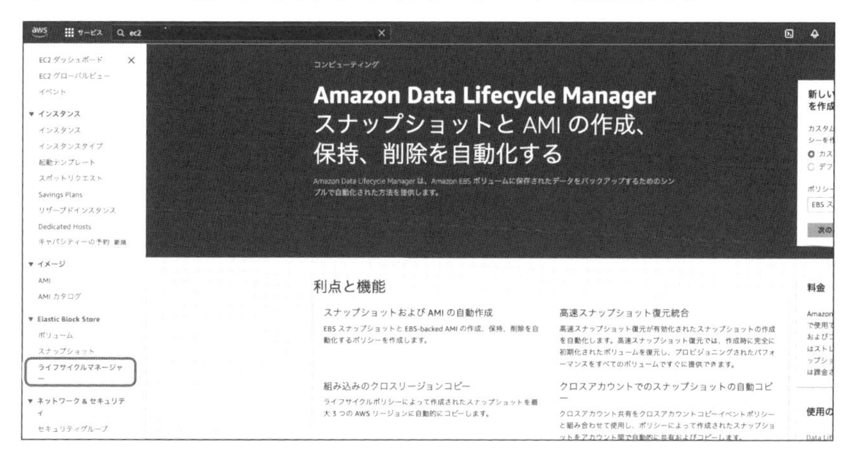

❷［デフォルトポリシー］をONにし、「EBSスナップショットポリシー」を選択して、［次のステップ］ボタンをクリックします。

❸［ポリシーの説明］には作成者がポリシーの内容をメモするための説明を入力します。［IAMロール］は［デフォルトロール］のままで構いません。［スケジュールの詳細］で、作成する頻度と、作成したスナップショットを保持する期間を選択します。ここで設定した保持期間を経過後に古いスナップショットが削除されることで、不要なスナップショット保持による課金を防ぐことができます。

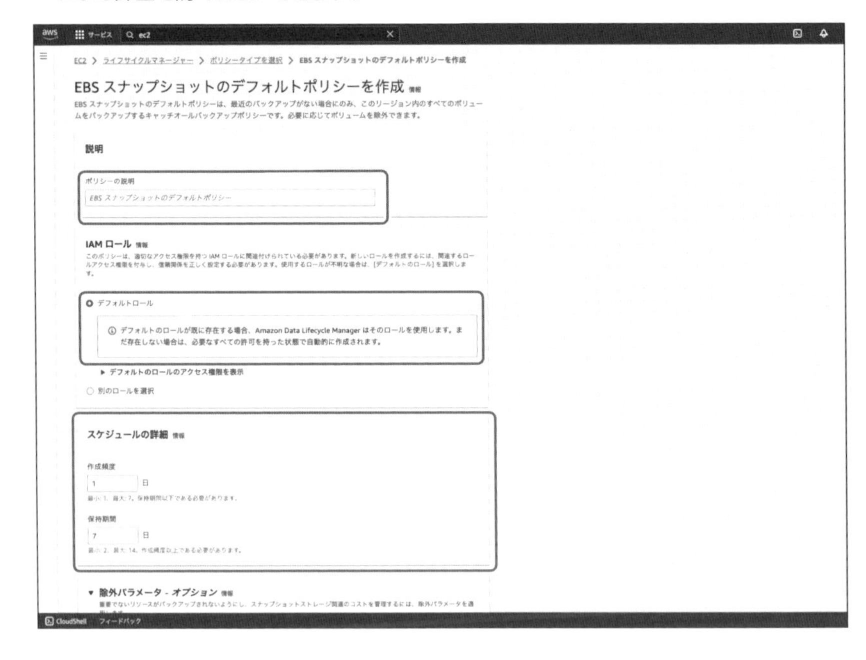

❹ [除外パラメータ-オプション]で、スナップショットにてバックアップをしないものを指定します。今回は[詳細設定-オプション]はデフォルトのまま何もしていません。

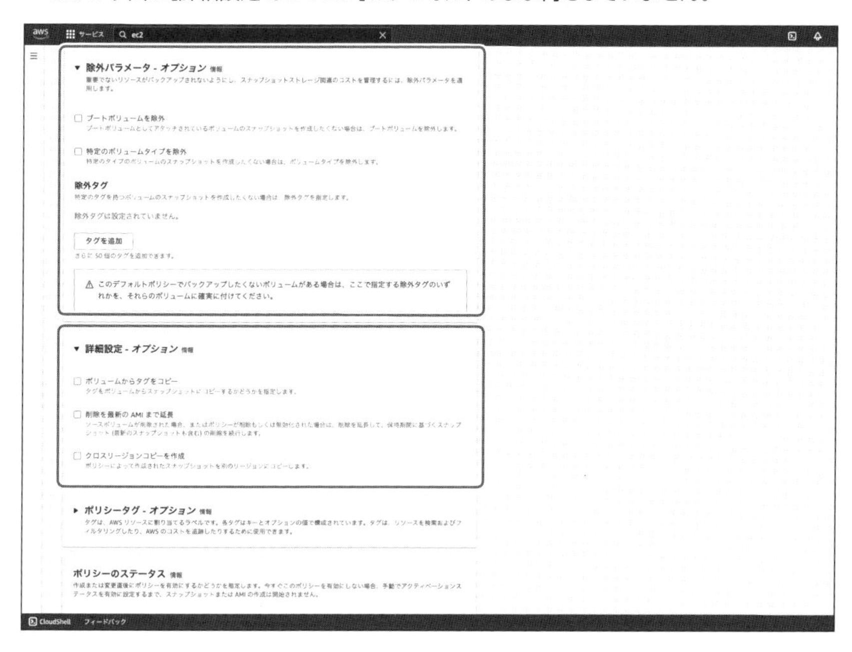

❺ その他の項目も特に何もせず、[作成]ボタンをクリックします。

意図せず再起動したAmazon RDSによる失敗

停止したRDSインスタンスが忘れたころに再起動されている場合があり、不必要なコストがかかります。

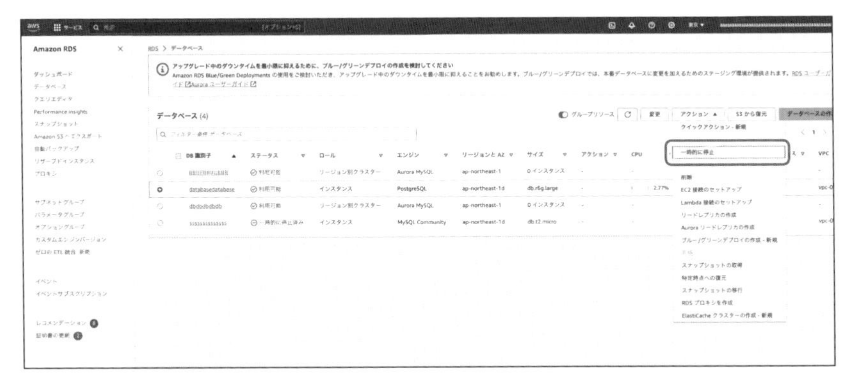

Amazon RDSを一時停止した際に次のような警告が出ます。

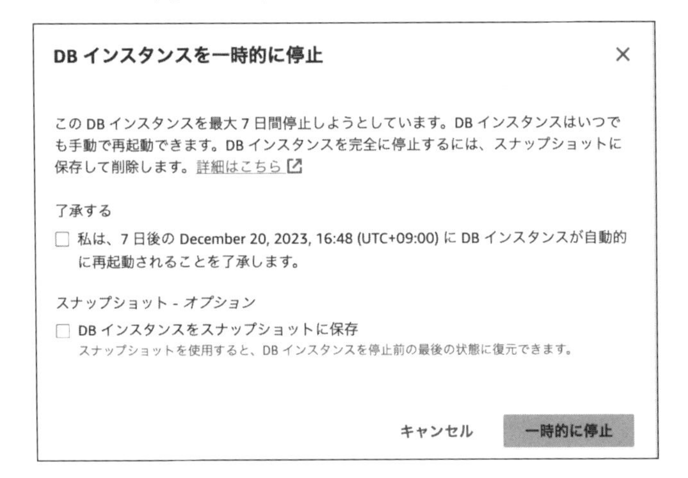

この警告内容を忘れて7日経過してしまうと、サイレントにRDSインスタンスが起動してしまい、使用していないのに料金が発生し続けます。

Ⅲ 意図せず再起動するAmazon RDSへの対策

この不要な課金を防ぐためにAmazon EventBridgeを利用した自動停止方法を紹介します。

❶ Amazon EventBridgeを開き、[EventBridgeスケジュール]をONにし、[スケジュールを作成]ボタンをクリックします。

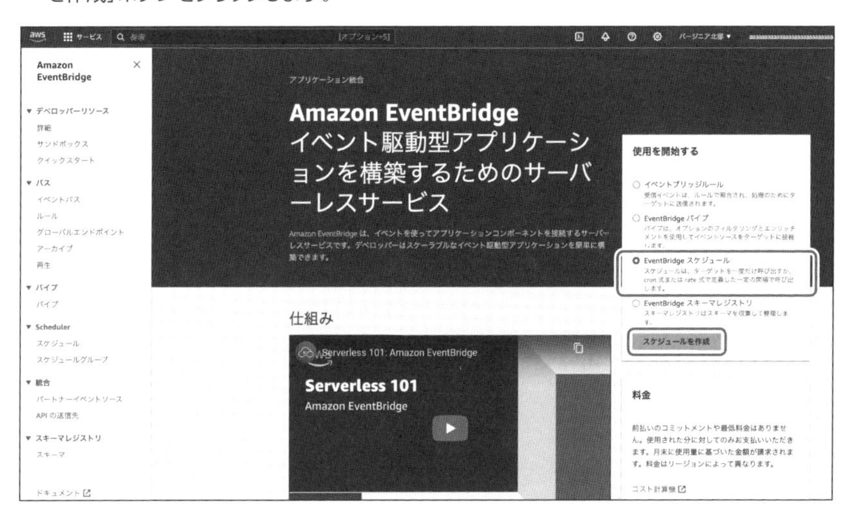

❷ [スケジュール名]を入力します。また、スケジュールのパターンは繰り返し実行したいので、[頻度]で[定期的なスケジュール]をONにします。

❸ [スケジュールの種類]で[rateベースのスケジュール]をONにします。今回は1日おきに停止させるため、[rate式]に「1」と入力し、「days」を選択します。 [フレックスタイムウィンドウ]では、イベント実行じから実際に実行されるまでのバッファを指定します。今回は「1時間」を選択します。

❹ [時間枠]では、イベントの開始日時と終了日時を指定することができます。今回は下図のように設定しました。設定したら[次へ]ボタンをクリックします。

❺「ターゲットの選択」画面に移動するので、[ターゲットAPI]で[すべてのAPI]をONにします。

❻ 検索窓に「rds」と入力し、「Amazon RDS」を選択します。

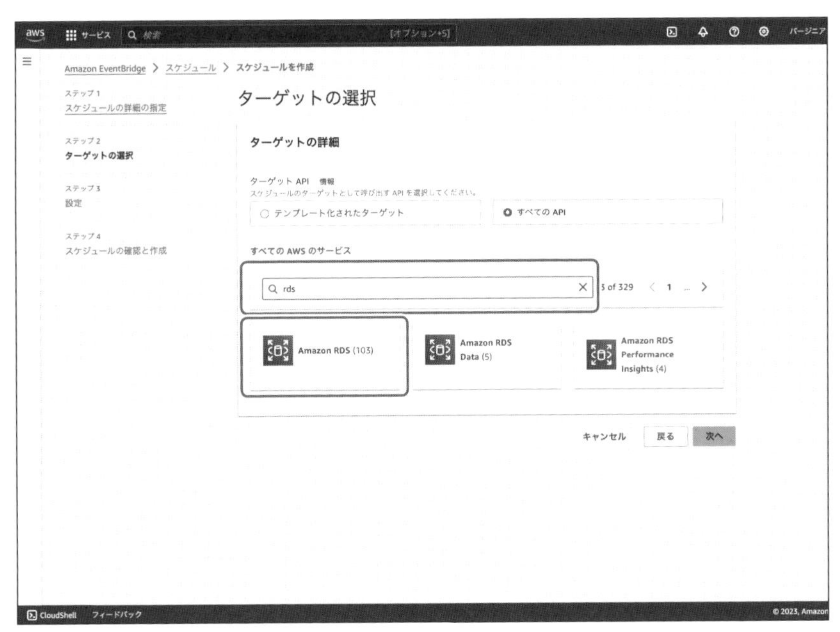

❼ 検索窓に「stop」と入力して、表示された「StopDBCluster」をONにします。

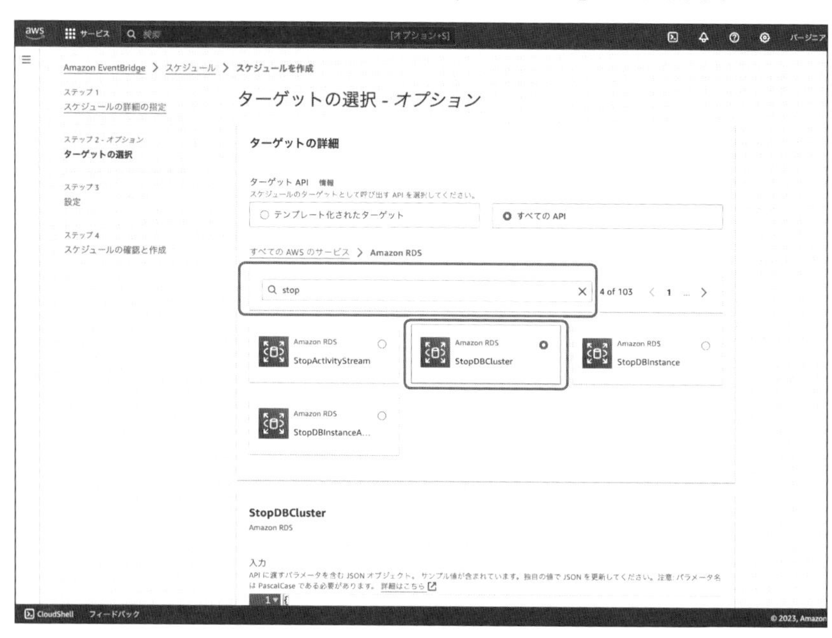

❽ ブラウザで別のウィンドウを開き、Amazon RDSで設定を行うRDSのリソース名をコピーします。

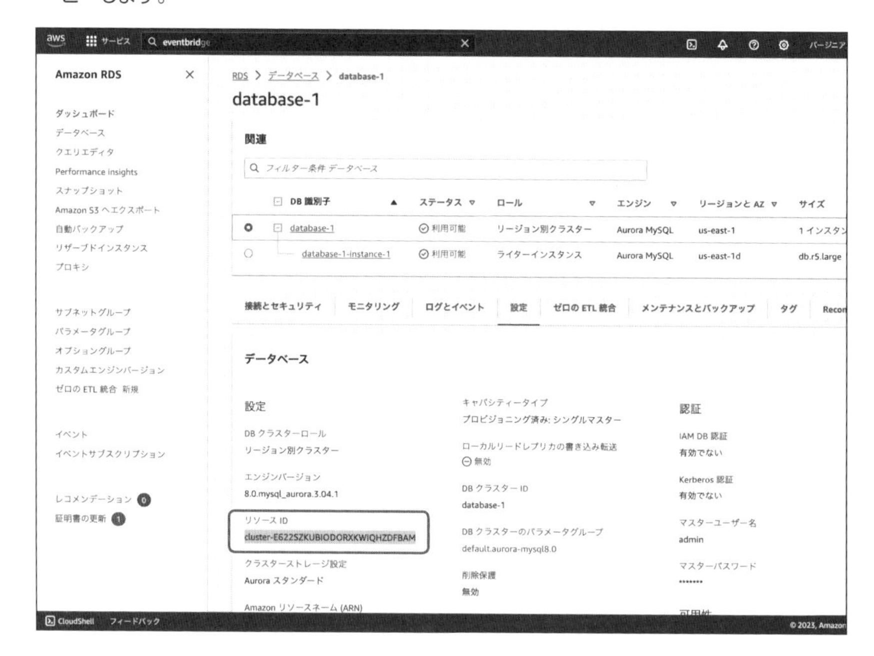

❾ 元のウィンドウに戻り、「StopDBCluster」の[入力]欄にあるJSONにコピーしたリソース名を次のように貼り付け、[次へ]ボタンをクリックします。

❿「スケジュールの状態」の[スケジュールを有効化]でスケジュールを作成直後から有効化するか選択します。また、「スケジュール完了後のアクション」の[スケジュール完了後のアクション]でスケジュール実行期間が終わった後に、このイベントを削除するかどうかを選択します。

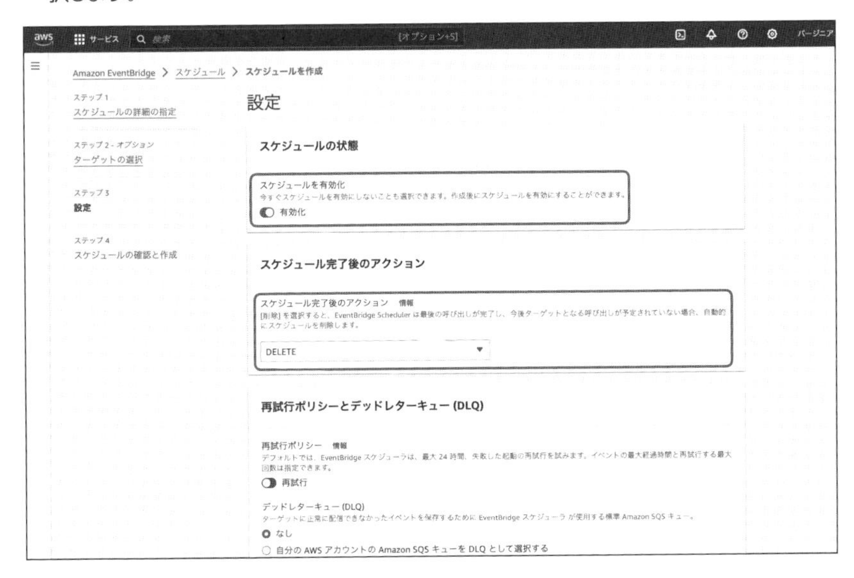

⑪ 画面下の「アクセス許可」でロールの設定が必要になります。[IAMコンソールに移動]ボタンをクリックして作成画面に移動します。

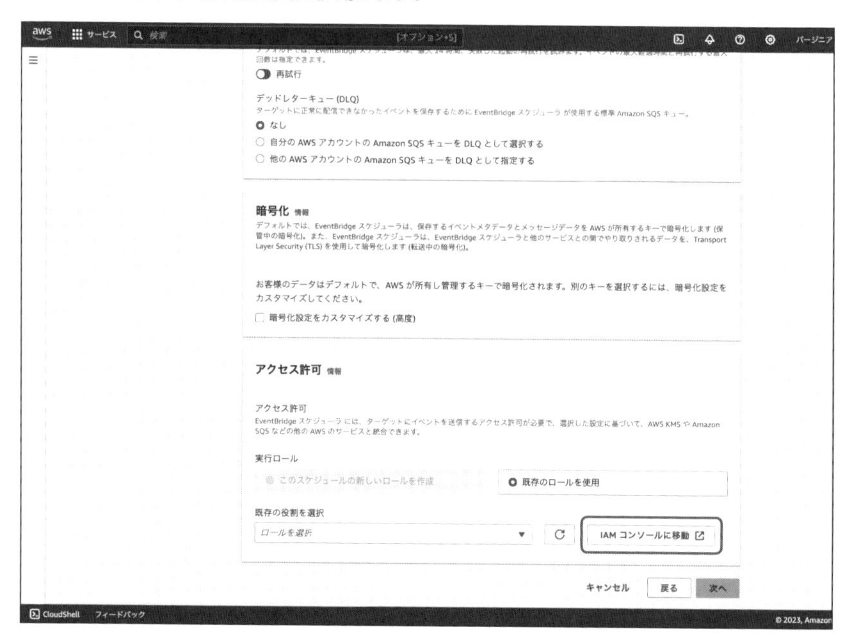

⑫ [ロールの作成]ボタンをクリックします。

⑬ [カスタム信頼ポリシー]をONにし、「Principal」に「schedular.amazon.com」と入力します。

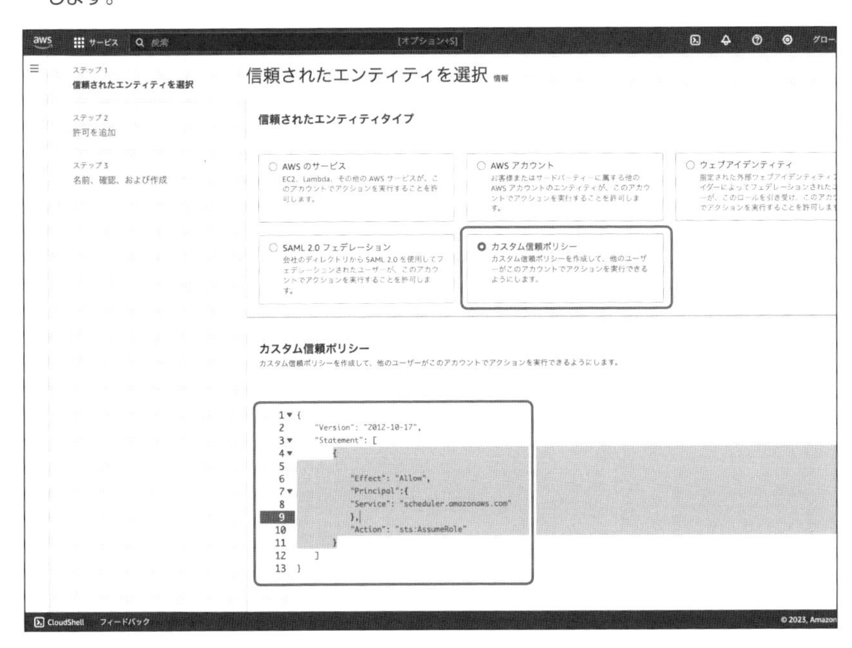

⑭ [許可ポリシー]でRDSクラスターを停止させるポリシーを選択(未作成なら作成)し、[次へ]ボタンをクリックします。

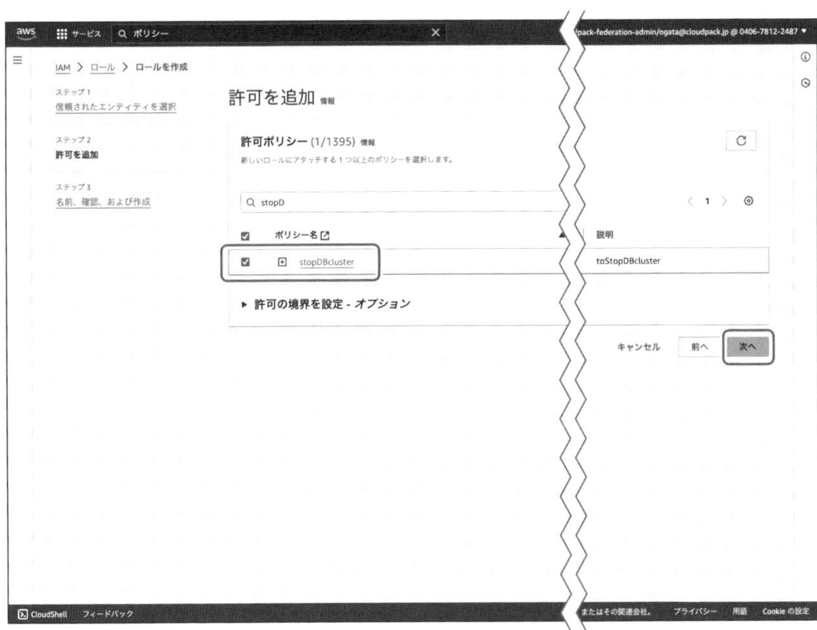

⓯ 元の画面に戻るので［次へ］ボタンをクリックします。

⓰ 最後に設定を確認して、［作成］ボタンをクリックします。

SECTION-012

インスタンスの無料枠を超えた使用による失敗

AWSでは初めて使用する人を対象にさまざまな無料で利用できるサービスが用意されています。ただし、無料利用にも制限が設けられているため、用意された無料利用枠を超えてEC2やRDSインスタンスを起動すると、コストが発生します。

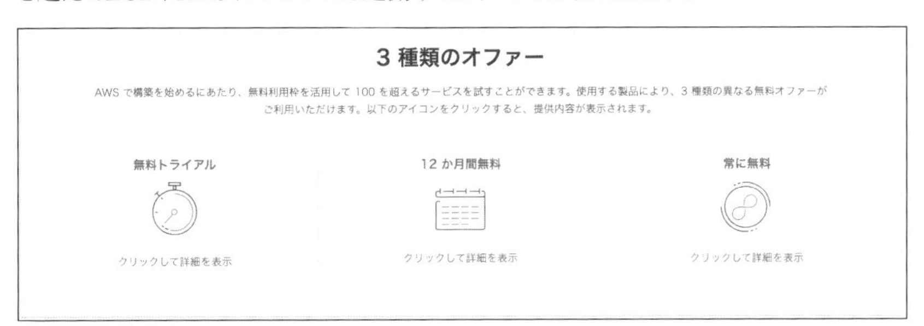

たとえば、Amazon EC2やAmazon RDSは750時間の無料枠があるので、約1カ月間は無料で起動し続けることができます。

計算して必要なリソースのみを起動することで、無料枠内での使用に留めることができ、無駄な課金を避けることができます。また、無料枠を超える場合はコスト予測を立てることも重要です。

インスタンスの無料枠を超えた使用による失敗への対策

見積もりにはAWS Pricing Calculatorが有用です。

❶「https://calculator.aws/#/」を表示し、[見積もりの作成]ボタンをクリックします。

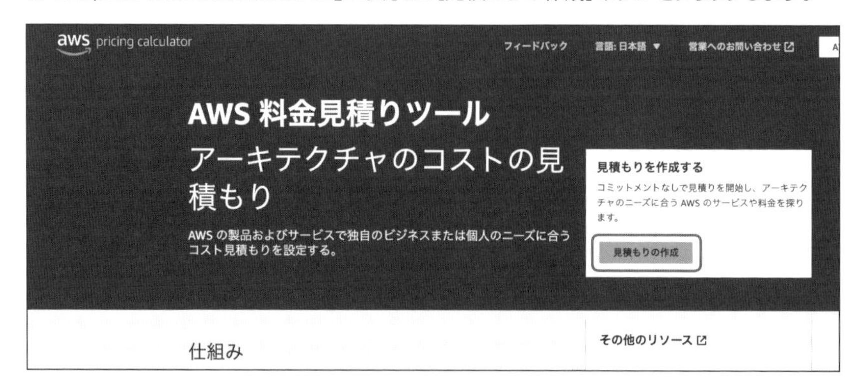

❷ここでは例としてリージョンを「アジアパシフィック（東京）」、サービスを「EC2」を入力しました。

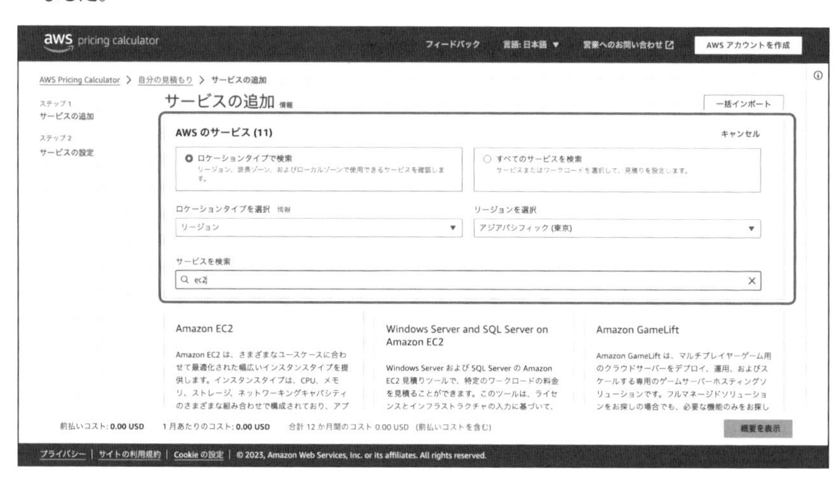

❸ Amazon EC2の[設定]ボタンをクリックします。

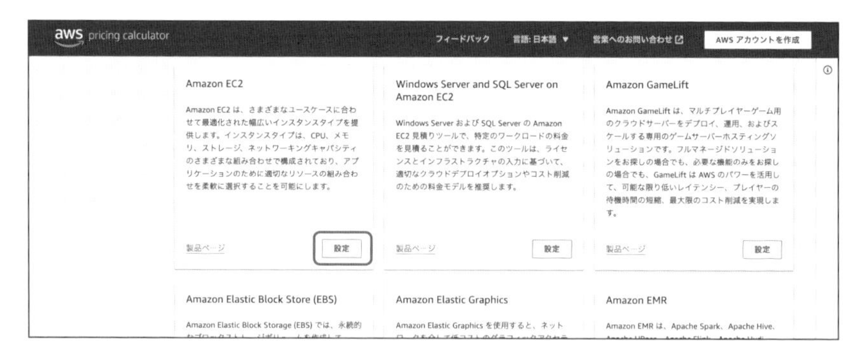

この後、その他、設定を行って見積もりの作成を行うと、次のようにコスト予測が表示され、それをもとにコストを管理できます。

なお、AWS Pricing Calculatorについては56ページで詳しく解説しています。

不正利用されてしまう失敗

自分のアカウントを第三者に不正に利用されることによって起こる請求があります。さまざまな原因が考えられますが、パスワード情報の流出などからAWSアカウントへログインされて数百台のインスタンスをマイニングなどのために起動されることがあります。

対策としては、当たり前のことですが、さまざまなサイトでパスワードを使い回さない、非常に強い権限を持つルートユーザーとは別のユーザーを発行する、MFA(Multi Factor Authentication)を設定する、などがあります。

Ⅲ 不正利用されてしまう失敗への対策

不正利用を完全に防ぐことは難しいですが、対策として効果の高いMFAの設定方法を紹介します。

❶ MFAを設定したいアカウントでログインします。

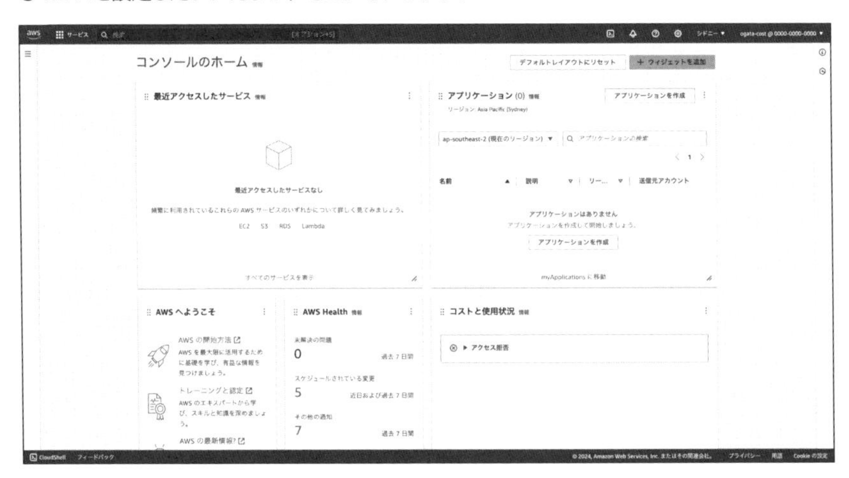

❷ 右上のアカウント名の右側にあるプルダウンをクリックすると表示されるメニューから「セキュリティ認証情報」をクリックします。

❸ [MFAを割り当てる]ボタンをクリックします。

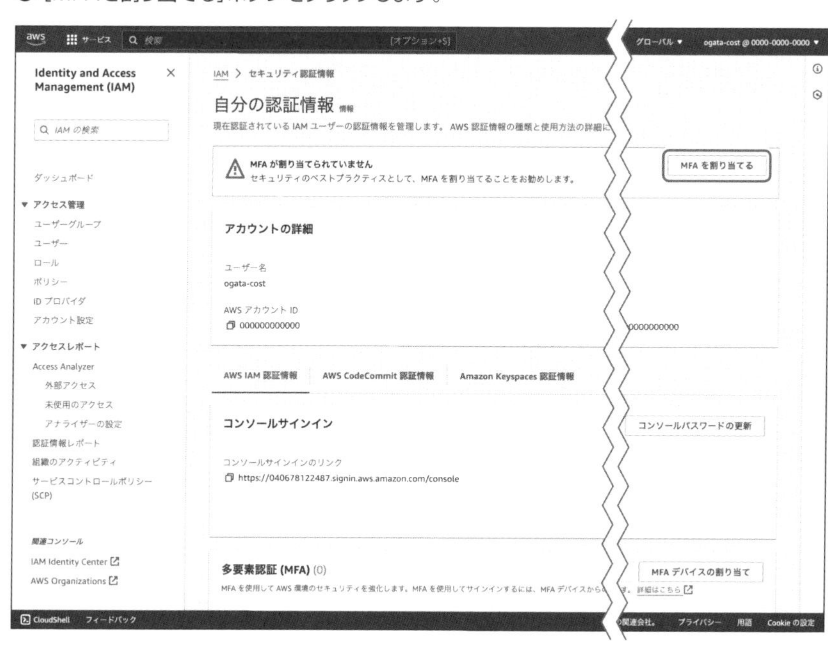

❹ [デバイス名]にデバイスを識別するための名前を入力し、「MFA device」で今回は[Authenticator app]を選択して、[次へ]ボタンをクリックします。

❺「QRコードを表示」をクリックし、表示されたQRコードをMFA用アプリケーションで読み取り、表示されたコードを2回分入力して[MFAを追加]ボタンをクリックします。

❻今回の試行ではGoogle Authenticatorというアプリで読み取りました。Google Authenticatorというアプリには次のようなコードが表示されます。これは時間が経過すると次のコードが表示されるため、そのコードを2回入力します。

❼ 上部に「割り当て済みのMFAデバイス」とグリーンバックで表示されたら成功です。

本章のまとめ

初心者のうっかり課金を未然に防ぐためには、AWSリソースの適切な管理とベストプラクティスの導入が不可欠です。次章では、これらの対策方法についてより詳細に議論します。効果的なコスト最適化の道を進みましょう。

CHAPTER 03

コスト見積もりと予算管理のハンズオン

近年、AWSなどのパブリッククラウドが急速に広まっており、その利用が盛んになっています。しかし、その一方で、利用者にとってコストの見積もりがますます困難となっています。予期せぬ料金が発生し、結果的に予算を超える過剰請求が発生することも少なくありません。このような状況の中で、本章ではAWSのサービスを例に挙げながら、正確なコスト見積もりの方法を紹介していきます。

SECTION-014

コスト見積もりサービス「AWS Pricing Calculator」の概要

AWSのユースケースごとの見積もりを作成するために、Webベースの計画ツールが利用可能です。このツールを利用することで、AWSを活用する際の支出計画を立てるだけでなく、コスト削減の機会を見つけ、情報に基づいた意思決定を容易に行うことができます。

また、特別な専門知識が必要ないため、手軽に操作できるのも特長です。

AWS Pricing Calculatorとは

AWS Pricing Calculatorの機能には次のような特徴があります。

▶明確な料金表示

サービス構成の見積価格を計算内容とともに表示します。アーキテクチャコストを分析するために、サービスごと、またはサービスグループ別の見積価格を確認できます。

▶階層型見積もりのグループ化

明確なサービスコスト分析を得るため、見積もりを関連するグループに分類してアーキテクチャに合わせることができます。

▶見積もりの共有

各見積りへのリンクを保存し、後で共有や再確認に利用できます。見積もりはAWSパブリックサーバーに安全に保存されます。

▶見積もりのエクスポート

見積もりをCSVまたはPDF形式でエクスポートし、関係者と共有したり、ローカルで保存したりできます。

注意事項

AWS Pricing Calculatorは、指定されたパラメーターに基づいてAWSサービスの利用コストを見積もるツールです。しかしながら、このツールは公式の見積もりを提供するものではないため、実際のコストを保証するものではないことに留意してください。

▶Calculatorと使用料に差異がある

請求金額はAWSサービスの使用料に基づいており、そのためにCalculatorへの正確な入力が実際のコストに影響を及ぼします。

下記は具体的な例です。

- AWSサービスの一部を見積もりに含めずに利用すると、見積もりと実際の請求金額が乖離する可能性がある。
- 特定のEC2インスタンスの数を見積もったが、それ以上の商用利用を行った場合、使用量に応じて追加の請求が発生する。

- AWSのサービスのデータ転送の入出力量が予想と異なる場合、請求金額が増減することがある。
- サービスを3年分で予約購入と見積もったが、実際に購入されたのは1年分の予約だった場合、月額および前払いの料金が見積もりと異なる。

▶使用したリージョン

AWSのサービス料金はリージョンによって異なります。異なるリージョンを使用する場合、Calculatorを利用した結果に影響が及ぶ可能性があります。

▶料金の変更

AWSはほとんどのサービスに対して従量課金制を採用しており、料金は時間経過とともに変更される可能性があります。たとえば、オンデマンドサービスを購入した場合、現在のオンデマンドサービス料金に基づいて、請求額が見積もりよりも少ないこともあります。また、特定のサービスについては、1年分または3年分の予約を購入することで、予約時点の料金で確定することができます。

▶税金

Calculatorにはサービス購入に加算される税金は含まれていません。

▶期間

Calculatorは1カ月に730時間があると仮定しています。1年あたりは365日 × 1日あたりの24時間で計算され、1年は12カ月から成ります。見積もりの最初の12カ月の合計額は、12カ月の合計コストに前払いの合計コストを加算して計算されます。また、Calculatorはうるう年を考慮しないため、1日が追加されます。

▶最初の12カ月の合計

Calculatorは最初の12カ月までの推定合計金額のみを表示します。3年間の部分的な前払い料金戦略でコストを見積もる場合、3年間の予約の最初の12カ月について調整された見積もりコストのみが表示されます。

▶無料利用枠・販促クレジット・割引

Calculatorは無料利用枠の料金、プロモーションクレジット、またはその他の割引を考慮していません。お客様は見積もりに含まれていない追加の割引対象となる場合もあります。

▶毎月の請求期間

AWSは月単位で請求を行います。使用が月の半ばから始まる場合、実際に1カ月かかるコストの一部のみが表示されることがあります。

▶四捨五入

Calculatorは料金データを四捨五入します。

▶段階的な料金設定

AWS Pricing Calculatorで見積もった範囲外で、AWSのサービスの現在の使用量に基づいて、ボリュームディスカウントの対象となることがあります。Calculatorは見積もりに含まれていないため、注意が必要です。

たとえば、すでに1カ月あたり500TBのAmazon S3 Standardストレージを使用している場合、GBあたり0.022USDを支払います。Calculatorを使用して月あたり50TBを追加で見積もると、Calculatorはこれが1カ月あたり最初の50TBであるとし、GBあたり0.023USDと高く見積もることがあります。

S3での1カ月あたり550TBの実際の累積支出は、現在の支出に指定された追加費用よりも少なくなります。

▶秒単位の請求

一部のAWSサービスは秒単位で請求されますが、Calculatorは秒単位の料金オプションを考慮していません。

▶サードパーティライセンス料

CalculatorはAWS Marketplaceからデプロイされたソフトウェアソリューションなど、サードパーティのライセンス料を考慮していません。

▶通貨

Calculatorは米ドルで見積もりを提供しています。グローバルな為替レートは時間とともに変動するため、現在の為替レートに基づいて見積もりを別の通貨に換算すると、為替レートの変動により見積もりに影響を受ける可能性があります。

AWS Pricing Calculatorのハンズオン

AWS Pricing Calculatorは、Webベースのコンソールで利用でき、下記のURLからアクセス可能です。

URL https://calculator.aws/#/

本節では、実際に見積もりを作成し、PDFで表示する手順を説明します。具体的には、東京リージョンのAmazon EC2を最小スペックで見積もってみましょう。

見積もりの作成の開始

まず、上記のURLにアクセスしてAWS Pricing Calculatorの画面に移動し、[見積もりの作成]ボタンをクリックしてください。

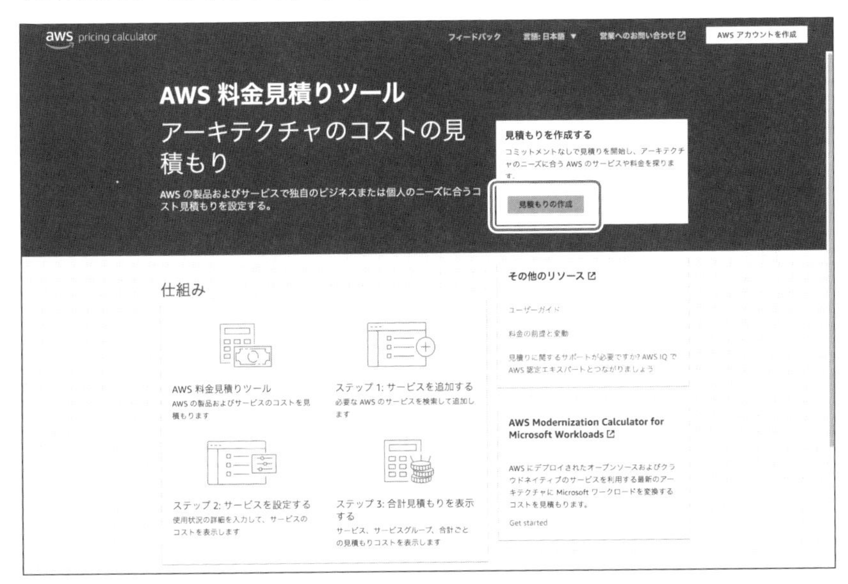

すると、見積もりを作成する画面に移動します。

[ロケーションタイプで検索]をONにし、[ロケーションタイプを選択]で「リージョン」を選択し、[リージョンを選択]で「アジアパシフィック(東京)」を選択します。

次に、[サービスを検索]でAWSサービスを指定します。今回は一般的なAmazon EC2を選択します。[サービスを検索]に「EC2」と入力し、表示される一覧から「Amazon EC2」の[設定]ボタンをクリックして詳細画面を表示します。

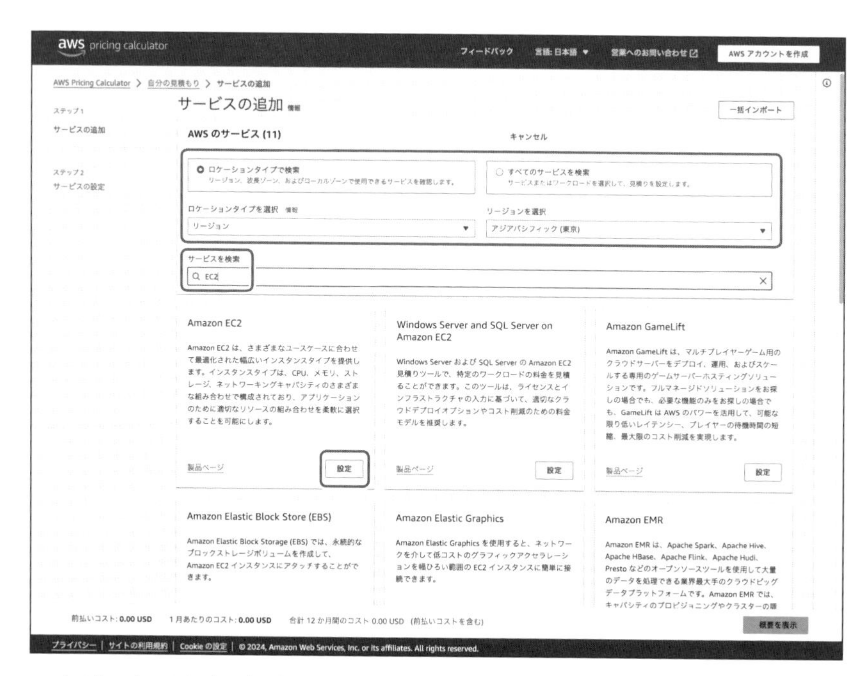

すると、次の画面が表示されるので必要な項目を設定します。

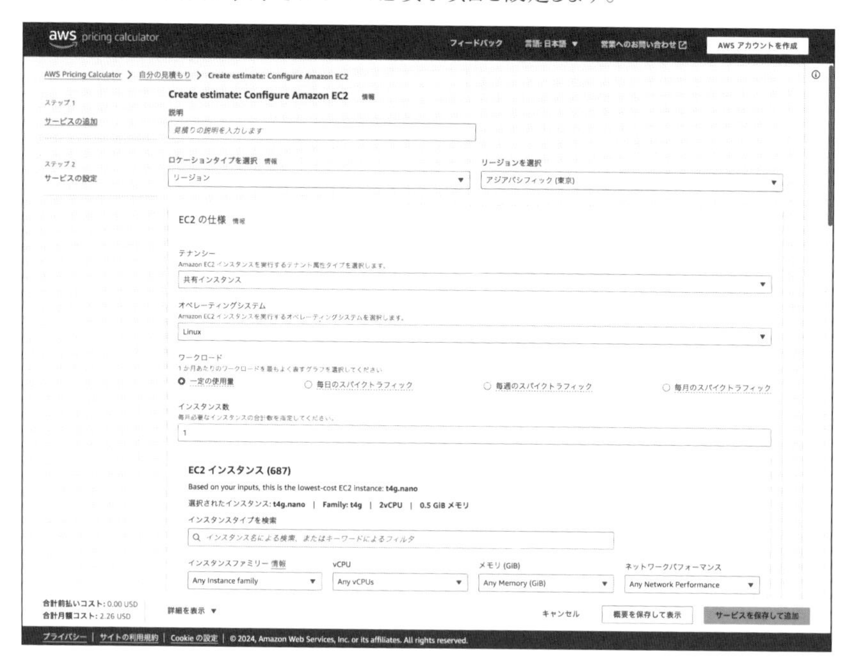

「EC2の仕様」の設定

「EC2の仕様」欄では次の項目を設定します。

▶テナンシー

インスタンスのテナンシーは、EC2インスタンスが物理ハードウェアに分散される方法を定義します。3つのテナンシーオプションがあり、料金体系が異なりますので注意が必要です。

デフォルト値は「共有インスタンス」ですが、他にも「専有インスタンス」と「専有ホスト」があります。テナンシーについての詳細情報はAWS公式ドキュメントを参照してください。

URL https://docs.aws.amazon.com/ja_jp/autoscaling/ec2/userguide/auto-scaling-dedicated-instances.html

▶オペレーティングシステム

見積もり対象のAmazon EC2インスタンスのオペレーティングシステムを選択します。AWS Pricing Calculatorは、選択したOSに合ったAmazonマシンイメージ(AMI)を使用して見積もりを作成します。OSのデフォルト値は「Linux」ですが、「Windows」と異なる料金が適用されることに留意してください。

▶ワークロード

ワークロードは、見積もり対象のAmazon EC2インスタンスの使用状況と一致する使用パターンを選択します。選択したワークロードに応じて、最適な組み合わせによって使用量をカバーします。利用状況に最も近いワークロードを選択することで、最適な見積もりを得ることができます。

ワークロードの選択肢には、[一定の使用量][毎日のスパイクトラフィック][毎週のスパイクトラフィック][毎月のスパイクトラフィック]があります。

ここでは[一定の使用量]をONにします。

▶インスタンス数

[ワークロード]で[一定の使用量]をONにした場合、必要なインスタンス数を指定します。

［インスタンス数］の下部にはインスタンスを詳細に設定できる項目があります。必要に応じて設定してください。

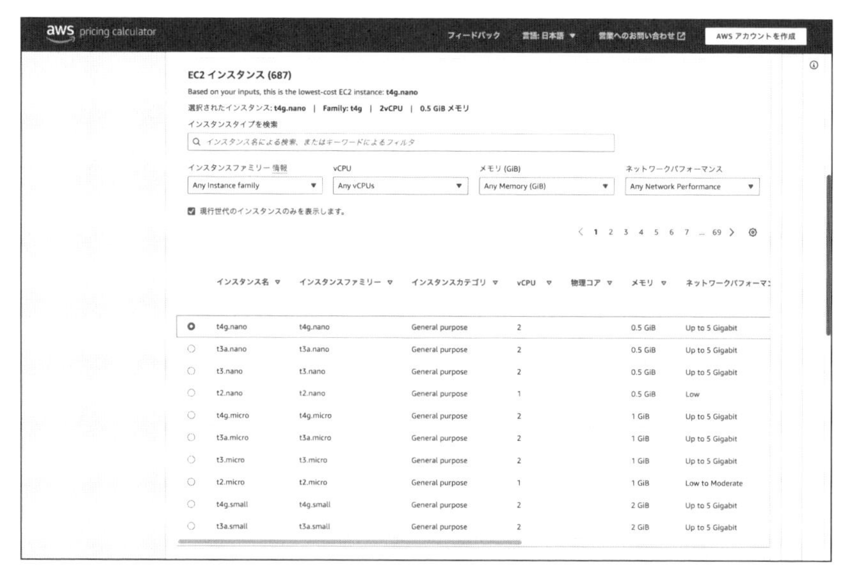

これらの設定を適切に選んでから、見積もりを作成することで、コストを詳細に分析することができます。

「お支払いオプション」の設定

「お支払いオプション」欄の設定は、AWS Pricing Calculatorが見積もりを作成する際に使用する料金戦略を決定します。従量料金制のインスタンスと先行予約可能なインスタンスのどちらを選択するかを決定します。インスタンスの予約料金は、インスタンスの利用料金とは別のものであるため、注意が必要です。

今回はオンデマンドの料金を算出してみるので、[オンデマンド]をONにし、[使用状況]に「100」、[使用タイプ]に「Utillization percent per mounth」を選択してください。

▶コンテナの種類

「お支払いオプション」の欄では、次のコンテナが用意されています。

● Compute Savings Plans

コストを最大66%削減し、最も柔軟性の高いオプションです。これらのプランは、EC2インスタンスの利用にかかわらず、インスタンスファミリー、サイズ、アベイラビリティーゾーン、リージョン、OS、テナンシーに自動適用されます。さらに、FargateやLambdaの利用時にも適用されます。

● EC2 Instance Savings Plans

最も低い料金で個々のインスタンスファミリーに対して契約を行い、最大72%の節約を提供します。これは、リージョン内で選択されたインスタンスファミリーのコストを、アベイラビリティーゾーン、サイズ、OS、テナンシーに関係なく自動的に削減します。さらに、そのリージョンのファミリー内のインスタンス間で使用量を柔軟に変更できる特性を備えています。

● オンデマンド

コンピューティング性能の料金を、長期契約なしで、時間または秒単位（最低60秒）で支払うことが可能です。これにより、ハードウェアのプランニング、購入、維持に伴うコストや手間が省け、高額な固定費となりがちな運用コストも、より安価な変動費に抑えることができます。

● スポットインスタンス

Amazon EC2スポットインスタンスを利用すると、AWSクラウドの未使用のEC2容量を有効活用し、最大90%のコスト削減が可能です。スポットインスタンスは、ステートレス、耐障害性、または柔軟性を備えたさまざまなアプリケーションで使用できます。

▶ オプションについて

各コンテナには次のオプションがあります。

● 予約期間

リザーブドインスタンス（RI）を予約する場合、契約期間に基づいて予約を購入します。契約期間は1年（1year）または3年（3year）を選択できますが、デフォルト値は1年です。このデフォルト設定はAWSを試す際に最も経済的な選択肢であるため、AWS Pricing Calculatorもこのデフォルトを使用します。

● お支払いオプション

リザーブドインスタンス（RI）の場合、お支払いオプションで予約の支払いタイミングを決定します。下記の選択肢があります。

支払いオプション	説明
前払いなし	前払いを一切行わず、月々の支払いのみでRIを購入できる。全額前払いに比べて割引率は低くなるが、支払い負担が軽減され、料金を長期間にわたって分散できる
一部前払いと月払い	一部を前払いし、残りを月々の支払いでカバーすることができる。これにより前払いコストを軽減できるが、毎月のコストが発生する
全額前払い	RIの合計金額を前払いすることができる。これにより、高額の一括支払いが必要だが、その後の毎月の支払いが不要となる

支払いオプションのデフォルト値は通常「前払いなし」です。このデフォルト設定は初期費用を最小限に抑えるため、AWS Pricing Calculatorもこれを使用しています。

● Expected utilization（予想使用量）

EC2インスタンスの予想使用量を入力します。この機能は、オンデマンド料金戦略を選択した場合のみ適用されます。

● Assume percentage discount for my estimate(割引率)

[スポットインスタンス]には、選択したインスタンスの過去の平均割引率を表示します。[Assume percentage discount for my estimate]には見積もりを作成するための割引率を入力することができます。下図は50%の割引の場合となります。

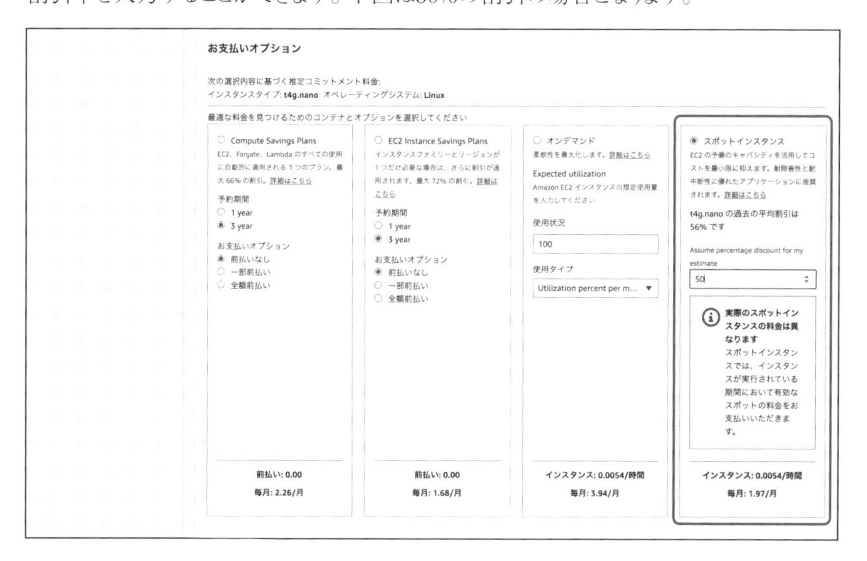

Amazon EBSの見積もりを追加

ここでは、Amazon EBSでの見積もりの設定について説明します。

Amazon Elastic Block Store(Amazon EBS)は、Amazon EC2インスタンスに接続可能なストレージボリュームです。Amazon EBSはインスタンスのバックアップ、ブートボリュームの作成、そしてインスタンスをデータベースとして実行するためにも利用できます。

▶各EC2インスタンスのストレージ

この設定では、EBSがインスタンスに割り当てるストレージの種類を選択します。各ボリュームタイプは異なる機能を提供し、ユースケースに合わせて、高速なI/Oや高速計算、または低コストのオプションを選択できます。

▶ストレージ量

この設定により、EBSボリュームのストレージ容量を決定します。デフォルト値は30GBで、インスタンスにEBSボリュームをアタッチしない場合は0GBを入力します。

ここでは次のように設定してみます。

概要の保存と表示

設定が終わったら、ページ下部の[概要を保存して表示]ボタンをクリックします。すると、次の画面が表示され、見積もりが保存されます。

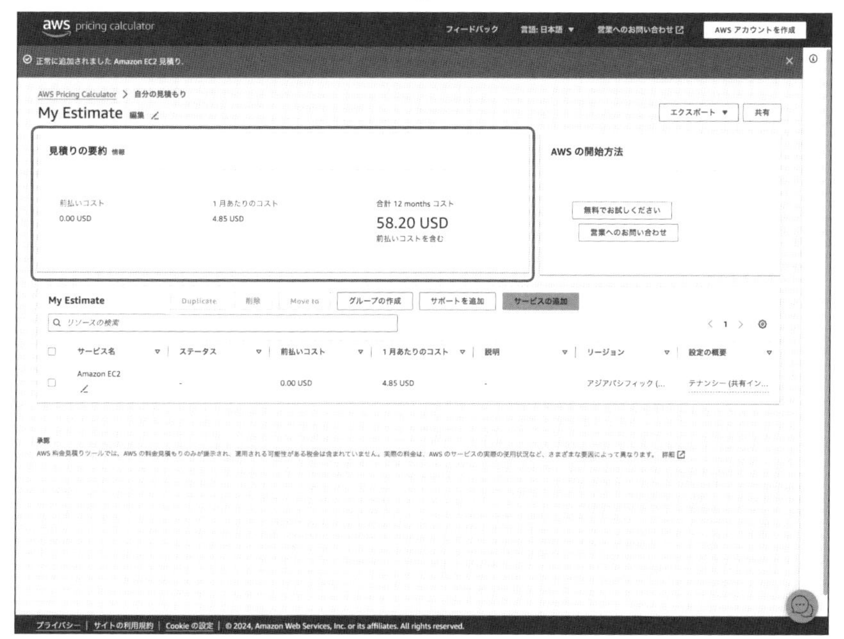

aws pricing calculator
フィードバック
言語: 日本語
営業へのお問い合わせ
AWS アカウントを作成
正常に追加されました Amazon EC2 見積り。
AWS Pricing Calculator > 自分の見積もり
My Estimate 編集
エクスポート
共有
見積りの要約 情報
前払いコスト
0.00 USD
1 月あたりのコスト
4.85 USD
合計 12 months コスト
58.20 USD
前払いコストを含む
AWS の開始方法
無料でお試しください
営業へのお問い合わせ
My Estimate
Duplicate
削除
Move to
グループの作成
サポートを追加
サービスの追加
リソースの検索
サービス名
ステータス
前払いコスト
1 月あたりのコスト
説明
リージョン
設定の概要
Amazon EC2
0.00 USD
4.85 USD
アジアパシフィック (...
テナンシー (共有イン...
承認
AWS 料金見積りツールでは、AWS の料金見積もりのみが表示され、適用される可能性がある税金は含まれていません。実際の料金は、AWS のサービスの実際の使用状況など、さまざまな要因によって異なります。 詳細
プライバシー | サイトの利用規約 | Cookie の設定 | © 2024, Amazon Web Services, Inc. or its affiliates. All rights reserved.

SECTION-016

コスト配分サービス「AWS Cost Categories」の概要

AWS Cost Categoriesは、クラウドコストの管理と可視化を強化するための革新的なソリューションです。ここでは、コストを独自の内部ビジネス構造にマッピングするのに役立つAWSのコスト配分サービスについて記載します。

AWS Cost Categoriesとは

AWSのコストと使用量を意味のあるカテゴリにマッピングすることが可能です。

そのため、Cost Categoriesでルールを設定することで、コストをカテゴリ別に分類できます。これらのカテゴリは、AWS Billing and Cost Managementコンソールの製品全体で利用できます。

ユースケース

本番環境と開発環境や検証環境でアカウントを分けることで、開発・検証環境は費用管理をしやすくしたり、企業の部署ごとでタグをカテゴライズ化することで、部署ごとの費用を確認することができます。

SECTION-017

AWS Cost Categororiesのハンズオン

ここでは、コストを分類できるように、実際に手で動かしてみましょう。

AWS Cost Categororiesの起動

AWSマネジメントコンソールにサインインし、AWS Billing and Cost Managementコンソール(https://console.aws.amazon.com/billing/)を開き、ナビゲーションペインで、[Cost Categories]をクリックします。

コストをグループ化

[コストカテゴリの作成]ボタンをクリックします。

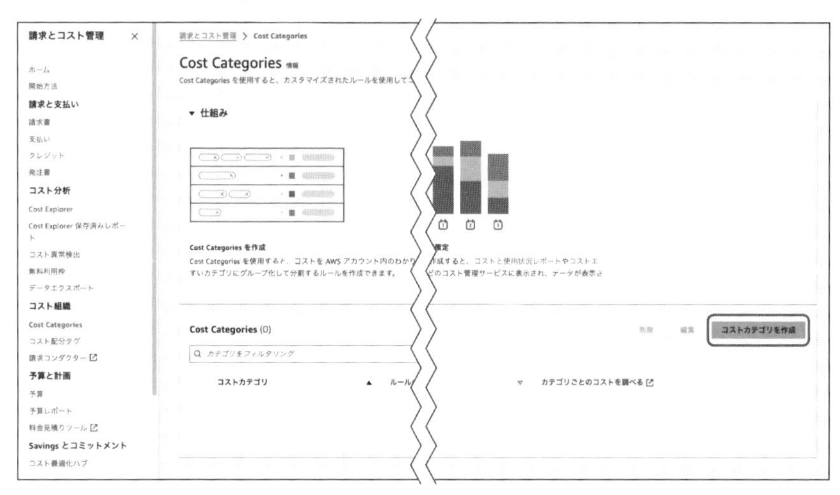

すると、次の画面が表示されるので、グループ名を設定します。

カテゴリルールを定義

「コストをグループ化」の下にルールを設定する部分があります。

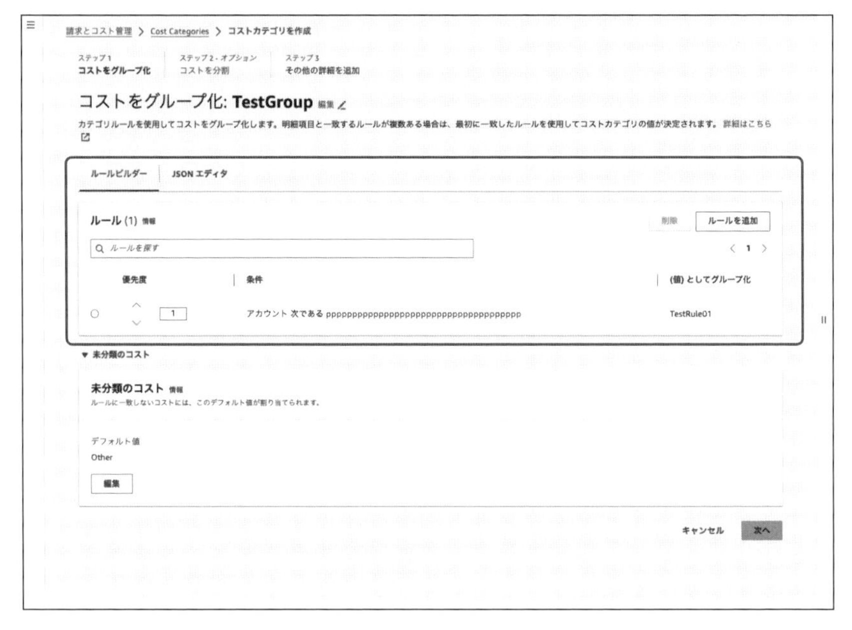

「ルールビルダー」または「JSONエディタ」を使用して、コストカテゴリを定義します。JSONリクエスト構文の詳細については、下記URLの「AWS Billing and Cost Management APIリファレンス」を参照してください。

URL https://docs.aws.amazon.com/aws-cost-management/latest/APIReference/Welcome.html

ここでは「ルールビルダー」を使用します。「ルールビルダー」タブをクリックし、[ルールを追加]ボタンをクリックすると設定画面が表示されます。

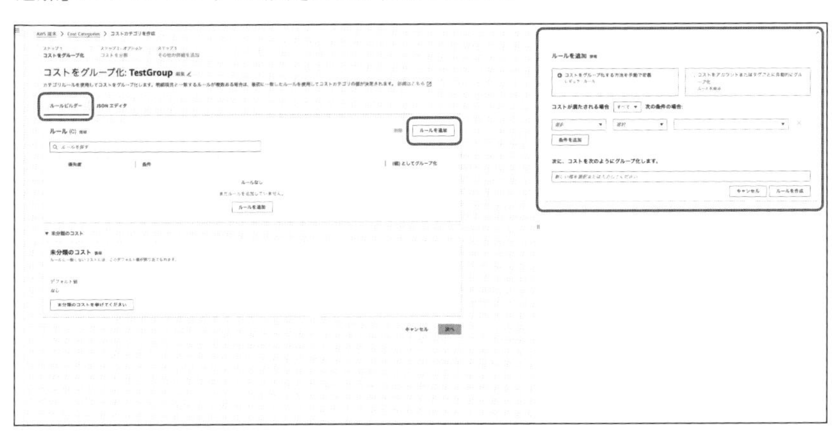

この設定画面で、ルールタイプを選択します。[コストのグループ化方法を手動で定義](レギュラールール)か、[コストをアカウントまたはタグごとに自動的にグループ化](ルールを継承)のいずれかを選択します。

「レギュラールール」では、コストが「すべて」または「いずれか」の条件を満たすかどうかを選択します。

「ルールを継承」では、「アカウント」または「タグキー」(コスト配分タグキー)を選択できます。

設定が終わったら、[ルールを作成]ボタンをクリックします。

コストを分割

[分割料金の追加]を選択します。ここでは、分割料金ルールを使用して、コストカテゴリの料金を分配してみましょう。

[ソース値]では、コストカテゴリ値を選択します。これは分割する共有コストのグループを指定します。ソースには、既存のコストカテゴリ値のいずれかを指定できます。

[ターゲット値]では、分割料金を配分する1以上のコストカテゴリ値を選択します。これはソースによって定義された、全体でコストを分割するコストカテゴリ値を指定します。

[請求額の割り当て方法]ではコストの割り当て方法を下記から選択できます。

割り当て方法	説明
按分	各ターゲットの比例加重コストに基づいて、ターゲット全体にコストを配分する
固定	定義された配分率に基づいて、ターゲット全体にコストを配分する
均等分割	すべてのターゲット全体に等分にコストを配分する

必要に応じて[分割料金の追加]ボタンをクリックし、さらに分割料金を定義するステップを繰り返してください。

設定が終わったら[次へ]ボタンをクリックします。

その他の詳細を追加

最後にルックバック期間やタグを設定することでできます。

ここでは[ルックバック期間]の[発行日]に今月を設定しました。設定が終わったら、[コストカテゴリを作成]ボタンをクリックします。

結果の確認

作成した画面が下記となります。

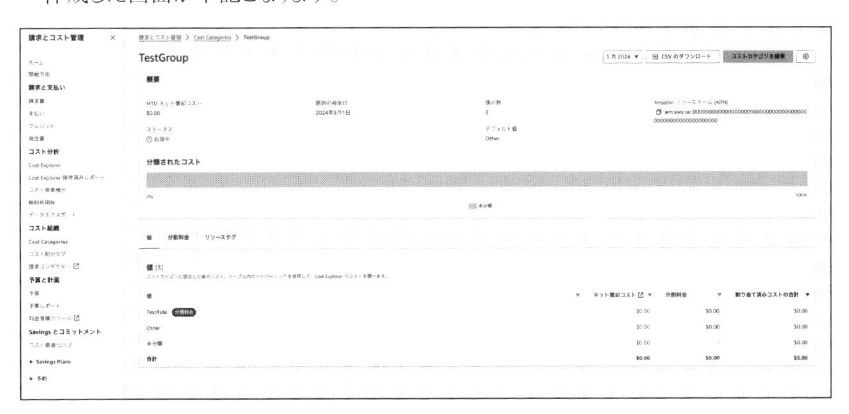

分割料金を設定する際の留意点

分割料金を設定する際には、下記のシナリオに留意してください。

▶シナリオ①

コストカテゴリ値は、すべての分割料金ルール全体で一度だけソースとして使用できます。これは、値がソースとして使用されている場合、それをターゲットとして使用できないことを意味します。

逆に、値がターゲットとして使用されている場合、ソースとして使用することはできません。ただし、値は複数の分割料金ルールでターゲットとして使用できます。

▶シナリオ②

コストカテゴリ値が[継承された値]ルールから作成された場合、その値をソースまたは分割料金のターゲットとして使用する前に、[コストカテゴリステータス]が[適用済み]に変わるまで待つ必要があります。

▶シナリオ③

分割料金ルールと合計配分コストは、[コストカテゴリの詳細]ページでのみ提示されます。これらのコストはAWSコストと使用状況レポート、Cost Explorer、および他のAWSコスト管理ツールには表示されず、影響を与えません。1つのコストカテゴリに対して最大10個の分割料金ルールを定義できます。

SECTION-018

コスト追跡サービス「AWS Budgets」の概要

AWSはオンプレミス環境とは異なり、従量課金のためコスト面での予測や追跡が困難となります。たとえばEC2のAuto Scaleサービスによりec2の台数が増減、ストレージ容量が増えたことにより想定外の費用が発生する可能性があります。

その対策として予算に達成した際にアラート発報やレポート作成による原因の特定が可能となります。ここではコストを追跡するAWS Budgetsを紹介します。

AWS Budgetsとは

AWSコストと使用量を追跡し、適切なアクションを取るために、AWS Budgetsを活用できます。AWS Budgetsを使用することで、リザーブドインスタンス(RI)やSavings Plansの集計使用率とカバレッジメトリクスをモニタリングし、単純なものから複雑なものまでのコストと使用量の追跡が可能です。

AWSで使用する単純なものから複雑なものまでコスト、使用量の追跡を可能とします。オプションの通知を設定することで、コストまたは使用量の予算を超えたか、超えることが予測される場合に警告を受け取ることができます。同様に、RIまたはSavings Plansの予算の目標使用量とカバレッジを下回った場合も通知が可能です。通知はAmazon SNSトピック、Eメールアドレス、またはその両方に送信できます。

ユースケース

下記に、参考までにユースケースを挙げます。

▶ユースケース①

アカウントに関連付けられているすべてのコストを追跡するために、固定の月別コスト予算を設定します。実際の支出(発生後)と予測の支出(発生前)の両方についてアラートを表示するように選択できます。

▶ユースケース②

変動目標金額で月別コスト予算を設定し、その後の各月ごとに予算目標が5%増加します。その後、予算額の80%に達した場合に通知を構成し、アクションを実行できます。たとえば、アカウント内で追加のリソースをプロビジョニングする機能を拒否するカスタムIAMポリシーを自動的に適用できます。

▶ユースケース③

特定のサービスの制限内に収めるために、固定使用量および予測された通知を活用して月別使用予算を設定します。また、AWS無料利用枠の提供を利用していることも確認できます。

▶ユースケース④

RIまたはSavings Plansを追跡するために、日別使用率またはカバレッジの予算を設定します。特定の日の使用率が80%を下回った場合には、EメールとAmazon SNSトピックを通じて通知を受けるように選択できます。

Ⅲ 応用的なユースケース

少し応用的なケースですが、組織で一括請求を使用している場合、管理アカウントはIAMポリシーを使用して、メンバーアカウントの予算へのアクセスを管理できます。デフォルト設定では、メンバーアカウントの所有者は自分の予算を作成できますが、他のアカウントの予算を作成、更新することはできません。ロールを作成し、これらのユーザーに対して特定アカウントの予算の作成、編集、削除、または読み取りの権限を付与できます。

ただし、クロスアカウントの使用はサポートされていません。予算は、予算を作成したアカウントへのアクセスが許可され、予算自体へのアクセスが許可されているユーザーにのみ表示されます。

AWS Budgetsのハンズオン

AWS Budgetsのユースケースとしては次の例があります。

- コストと使用状況をモニタリング
  - 優先予算期間を日次、月次、四半期ごと、または年次に設定し、特定の予算制限を作成。
- スケジュールされたレポートを作成
  - 実際のコストまたは予測コストと使用量が、予算のしきい値に対してどのような状況にあるのかについての情報を入手が可能。
- しきい値に対応
  - 予算目標を超えたときに、自動的に、または承認プロセスを通じて実行するカスタムアクションを設定ができる。

ここでは、簡易的な予算設定をしてみます。

AWS Budgetsの起動と予算の作成の開始

AWSマネジメントコンソールにログインし、サービス一覧から「AWS Budgets」を選択します（請求ダッシュボードから「Budgets」を選択することでも移動できます）。

すると、次のような画面が表示されるので、[予算の作成]ボタンをクリックします。

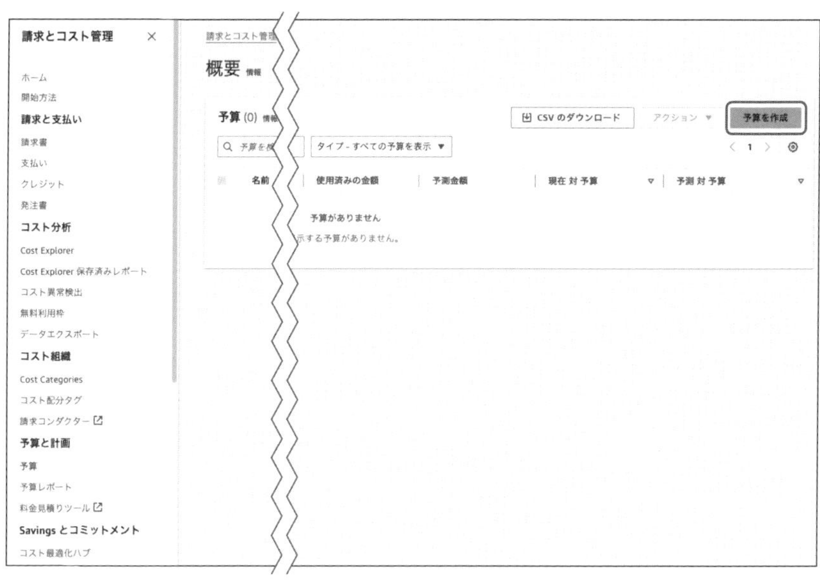

予算タイプの選択

予算タイプを選択する画面が表示されます。今回は[予算の設定]の項目で[テンプレートを使用(シンプル)]をONにします。

この設定でははは推奨設定のテンプレートを使用して予算を作成することができます。これは、単一ページのワークフローでAWS Budgetsの使用を開始するための簡単な方法となります。

予算テンプレートは次の4つタイプから選択できます。

予算テンプレート	説明
ゼロ支出予算	支出がAWS無料利用枠の制限を超えると通知される予算
月次コスト予算	毎月の予算で、予算額を超過した場合、または超えることが予測される場合に通知
日次のSavings Plansのカバレッジ予算	設定した目標を下回ると通知される、Savings Plansのカバレッジ予算。オンデマンド支出をより早く特定するのに役立つ
1日の予約使用率予算	定義された目標を下回ると通知される、予約インスタンスの使用率予算。すでに購入済みの時間単位でのコミットメントの一部が使用されていない時間を特定するために役立つ

月次コスト予算の設定

［月次コスト予算］をONにし、予算名、予算額、Eメールの受信者を入力します。Eメールの受信者は、しきい値を超えたときに通知するメールアドレスになります。

設定が終わったら、［予算を作成］ボタンをクリックします。

これで、予算額が設定した金額（例では$100.0）になった場合に設定したメールアドレスにメールが送信されます。

予算のカスタマイズについて

［予算の設定］の項目で［カスタマイズ（アドバンスト）］をONにすると、予算のカスタマイズも可能です。予算のカスタマイズについての詳細は下記ドキュメントに記載されているので参考にしてください。

URL https://docs.aws.amazon.com/ja_jp/cost-management/latest/userguide/custom-budgets.html

SECTION-020

異常検出サービス「AWS Cost Anomaly Detection」の概要

コスト異常検出を使用すると、想定外のコストが発生する回数を減らし、コントロールを強化できます。モニターとアラートの詳細設定を行うと、AWSはAmazon Simple Notification Service(Amazon SNS)またはEメールを介して、個別のアラートまたは日次もしくは週次の要約を提供します。

AWS Cost Anomaly Detectionとは

AWS Cost Anomaly Detectionは、AWSコスト管理の一機能であり、機械学習モデルを使用して、デプロイされているAWSのサービス内の異常な支出パターンを検出し、警告することができます。

AWS異常コストを検出は、次のメリットがあります。

- 集約されたレポートに関する個別のアラートは、EメールまたはAmazon SNSトピック経由で送信される
- 機械学習手法を使用して支出パターンを評価することで、誤検出アラートを最小限に抑えることが可能
- コストの増加を促進しているAWSアカウント、サービス、リージョン、使用状況の種類など、異常の根本原因を調査できる
- AWSのサービスのすべてを個別に分析するか、または特定のメンバーアカウント、コスト配分タグ、またはコストのカテゴリごとに分析することができる

ユースケース

想定外のコストを減らすことに利用できます。

任意の頻度で、自動検出アラート、Eメール、またはAmazon SNSトピックを通じて、常に支出の異常に関する最新情報を入手できます。

Amazon SNSトピックでは、SlackチャネルやAmazon Chimeチャットルームにアラートを送信し、コラボレーションとアラートのタイムリーな解決をサポートすることができます。

また、アラートサブスクリプションを設定することで、コストモニターを作成後、金額のしきい値を設定することでアラートの詳細設定を選択できます。

SECTION-021
AWS Cost Anomaly Detectionのハンズオン

想定以上のコスト増加にになっていても、気付けるように、Cost Anomaly Detectionを設定してみましょう。

事前の準備

コストの異常検出をセットアップする際には、次の準備が必要です。

▶AWS Cost Explorerの有効化

AWSのコスト異常検出はAWS Cost Explorer内の一部機能です。そのため、コスト異常検出にアクセスするためには、まずAWS Cost Explorerをコンソールから有効化する必要があります。有効化の手順は、AWSコスト管理コンソールではじめてAWS Cost Explorerを開くと、そのアカウントのためにAWS Cost Explorerが有効化されます。

▶IAMでのアクセス制御

管理アカウントレベルでAWS Cost Explorerを有効にした場合、各ユーザーに対するアクセス制御はAWS Identity and Access Management（IAM）を使用します。IAMを使用することで、ユーザーごとにロールに基づいた個別のアクセスの付与や取り消しが可能となります。これを実現するには、ユーザーには請求情報とコスト管理コンソールからページを表示するための明示的な許可が必要です。適切なアクセス許可が与えられていれば、ユーザーは所属するAWSアカウントのコストを表示できます。ユーザーに必要なアクセス許可ポリシーは「aws-portal:ViewBilling」のアクションポリシーであり、JSON形式での記載例は次の通りです。

```
{
    "Version": "2012-10-17",
    "Statement": [
        {
            "Effect": "Allow",
            "Action": "aws-portal:ViewBilling",
            "Resource": "*"
        }
    ]
}
```

コストモニターの作成

AWSマネジメントコンソールにサインインしてAWSコスト管理コンソール(https://console.aws.amazon.com/cost-management/home)を開き、ナビゲーションペインで[コスト異常検出]をクリックします。

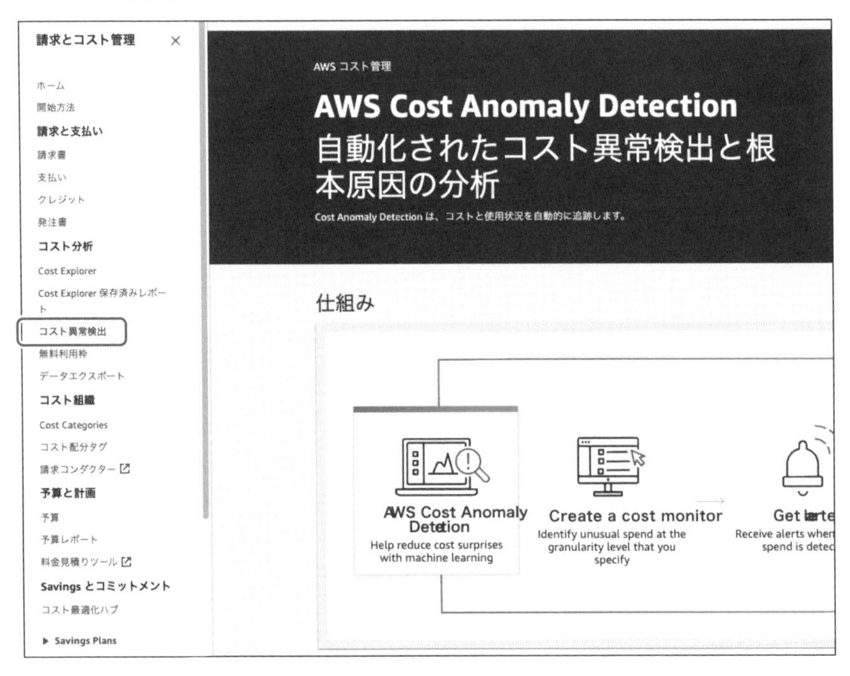

「コストモニター」タブを選択し、[モニターの作成]ボタンをクリックします。

「ステップ1」では、モニターの種類を選択し、モニターに名前を付けます。

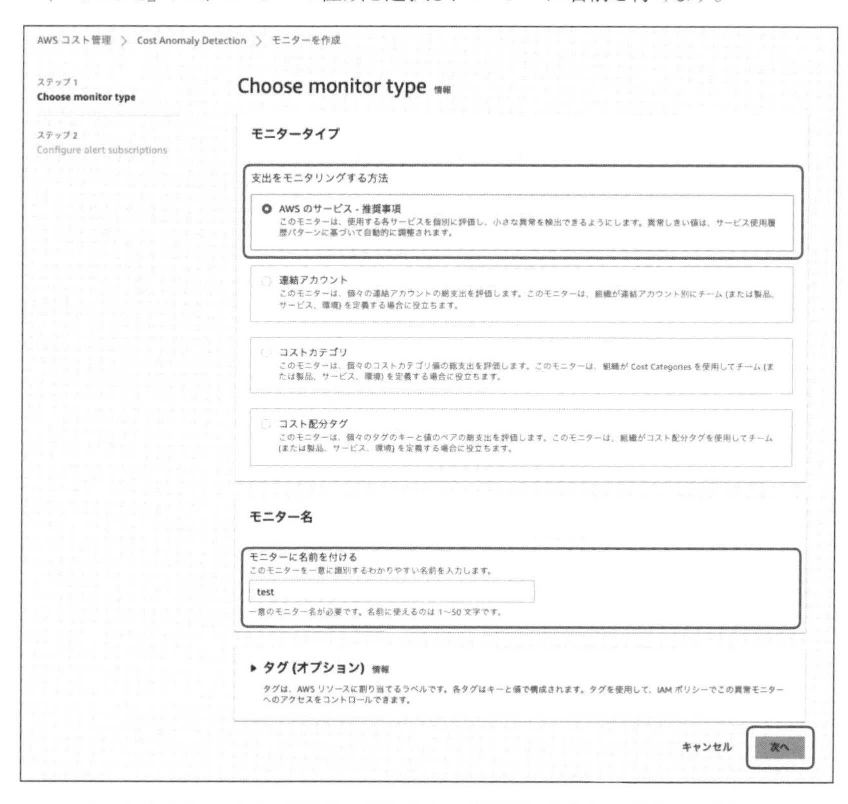

モニタータイプは、アカウント構造に適したものを選択できます。現在、下記のモニタータイプを提供しています。なお、複数のモニタータイプにまたがるモニターを作成しないことをお勧めします。これは重複するアラートを生成による、重複する支出を評価する可能性があるためです。

モニタータイプ	説明
AWSのサービス	内部組織や環境ごとに支出をセグメント化する必要がない場合は、このモニターが推奨される。AWSアカウントごとに使用されるすべてのAWSサービスについて異常を評価する。新しいAWSサービスが追加されると、モニターは自動的にその新しいサービスに関する異常の評価を開始するため、手動での設定が不要
連結アカウント	個々のメンバーアカウントの支出を合算して評価する。組織がチーム、製品、サービス、または環境ごとに支出をセグメント化する必要がある場合に非常に便利。モニターごとに選択できるメンバーアカウントの最大数は10
コストカテゴリ	支出を分類および管理する際に、コストカテゴリの使用が推奨される。このモニタータイプは1つのkey:valueペアに制限されている
コスト配分タグ	このモニターは1つのキーに制限され、複数の値を使用できる。モニターごとに選択できる値の最大数は10。支出をチーム、製品、サービス、または環境ごとにセグメント化する必要がある場合に便利

なお、オプションとしてモニターにタグを追加することができます（追加できるタグの最大数は50）。タグを追加する場合は「タグ（オプション）」のトグルを展開し、タグのキーバリューを入力します。タグを追加するには、[新しいタグを追加]ボタンをクリックします。

設定が終わったら[次へ]ボタンをクリックします。

アラートサブスクリプションの作成

「ステップ2」で、アラートサブスクリプションを設定します。モニターごとに少なくとも1つのアラートサブスクリプションを作成する必要があります。前述の「コストモニターステップの作成」には、すでにアラートサブスクリプション作成プロセスが含まれています。

[アラートサブスクリプション]では、既存のサブスクリプションがない場合は[新しいサブスクリプションを作成する]をONにします。既存のサブスクリプションがある場合は[既存のサブスクリプションを選択]をONにします。[サブスクリプション名]には、ユースケースを説明する名前を入力します。

[アラート頻度]で使用する通知頻度を選択します。下記のものが選択できます。

通知頻度	説明
個々のアラート	異常が検出された場合にすぐにアラートが表示される。1日を通して複数のアラートを受け取ることがあるが、通知にはAmazon SNSトピックが必要。Amazon SNSトピックは、SNSトピックをSlackチャネルまたはAmazon Chimeチャットルームにマップするように設定するAWS Chatbot設定を作成するように設定できる
日次の要約	異常が検出されると、アラートは日別の概要を通知する。その日に発生した複数の異常に関する情報が記載されたEメールが1通、送信される
週次の要約	異常が検出されると、アラートは週別の概要を通知する。その週に発生した複数の異常に関する情報が記載されたEメールが1通、送信される

[アラートの受信者]にアラートを受け取るEメールアドレスを入力します。

[しきい値]には、アラートを生成する異常値を設定する数値を入力します。

しきい値には、絶対とパーセンテージの2つのタイプがあります。絶対しきい値は、異常の合計コストインパクトが選択されたしきい値を超えるときにアラートをトリガーします。パーセンテージしきい値は、異常の合計インパクトパーセンテージが選択されたしきい値を超えるときにアラートをトリガーします。合計インパクトパーセンテージは、予想支出総額と実際の支出総額のパーセンテージ差です。

[しきい値の追加]ボタンをクリックすると、同じサブスクリプションに2つ目のしきい値を設定します。しきい値は、ドロップダウンリストから[AND]（および）、または[OR]（または）を選択することで組み合わせることができます。

オプションとしてアラートサブスクリプションにタグを追加することができます（追加できるタグの最大数は50）。タグを追加する場合は「タグ（オプション）」のトグルを展開し、タグのキーバリューを入力します。タグを追加するには、[新しいタグを追加]ボタンをクリックします。

なお、[アラートサブスクリプションの追加]ボタンをクリックすると、別のアラートサブスクリプションを作成することもできます。このオプションを用いると、同じモニターを使用して新しいサブスクリプションを作成できます。

設定が終わったら、[モニターを作成]ボタンをクリックします。

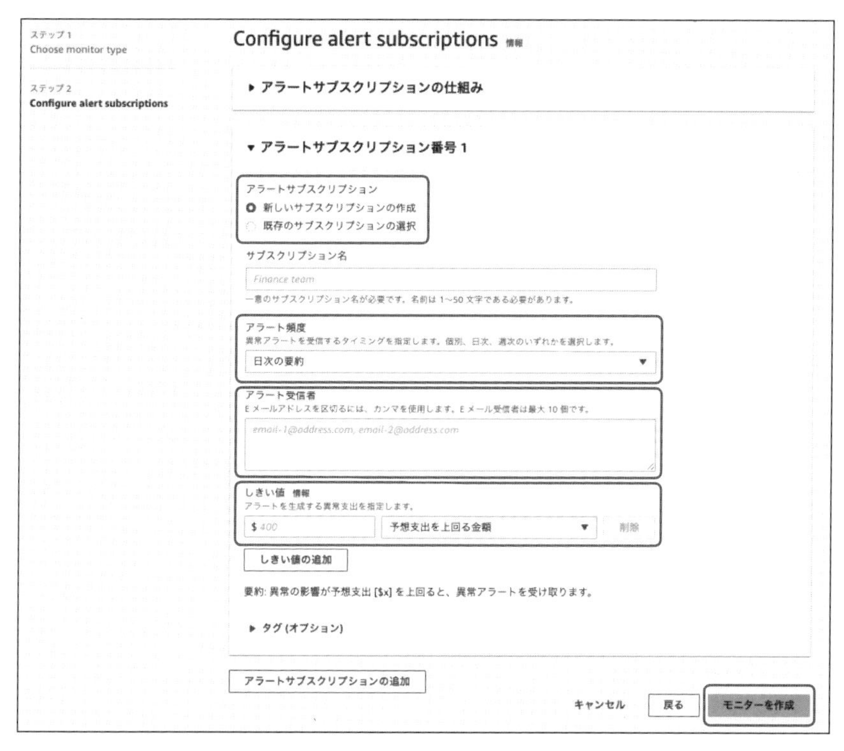

すると次の画面が表示されます。

追加のサブスクリプションを作成する場合は、[アラートサブスクリプション]タブから[サブスクリプションの作成]を選択することで可能となります。

検出履歴

「検出履歴」タブで、選択した期間に検出された異常のリストが表示されます。デフォルトでは、過去90日間に検出された異常を確認できます。そのほか、過去30日間、過去60日間を選択することもできます。

「検出履歴」タブには次の情報が記載されています。

情報	説明
開始日	異常が発生した日
最後に検出された日付	最後に異常が検出された日
期間	異常が続いた期間
実際の支出	異常の継続期間中に実際に費やされた金額の合計
予想支出	過去の支出パターンに基づいて、異常の継続期間中に支出されると機械学習モデルが予測した金額
コストへの影響の合計	予想支出額との比較によって検出された支出の増加。実際の支出と予想支出の差(actual spend − expected spend)として計算される
影響の割合	実際の支出と予想支出のパーセンテージ差。(total cost impact ÷ expected spend) × 100を使って計算される
重大度	過去の支出パターンを考慮して、特定の異常がどの程度、異常であるかを表示する。重要度が低い場合、過去の支出と比較してスパイクが小さくなり、逆に重要度が高い場合はスパイクが大きくなる。ただし、一貫した支出パターンにおいて小さなスパイクは重要度が高いとして分類され、同様に不規則な支出パターンにおいて大きなスパイクは重要度が低いとされる
モニタータイプ	異常モニターのタイプ
モニター名	異常モニターの名前
サービス	異常の原因となったサービス
アカウント	異常の原因となったアカウントIDとアカウント名
使用タイプ	異常の原因となった使用タイプ
リージョン	異常の原因となったリージョン
評価	検出された異常ごとに、評価を送信して、異常検出システムの改善に役立てる。評価として送信できるのは「正常な異常」「誤検出」「問題ではありません」の3つ

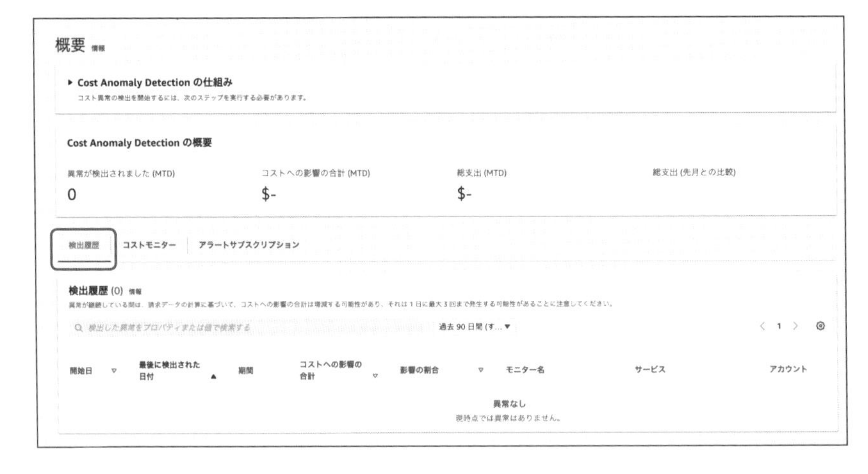

▶検出された異常と原因の表示

モニターを作成後、AWSコスト異常検出は将来の支出を評価します。定義したアラートサブスクリプションに基づいて、24時間以内にアラートの受信を開始が可能となります。

Eメールアラートから異常値を表示する

Eメールアラートから異常値を表示するには、次のように操作します。

❶ メール内に記載されている[異常検出で表示]のリンクをクリックします。
❷ 「異常の詳細」ページが表示され、異常の根本原因分析とコストインパクトを確認することができます。

▶「異常の詳細」ページでできること

[View in Cost Explorer](Cost Explorerで表示)ボタンをクリックすると、コストへの影響の時系列グラフを表示します。

[Top ranked potential root causes](上位にランク付けされた潜在的な根本原因)の表で[View root cause](根本原因を表示)をクリックすると、根本原因でフィルタリングされた時系列グラフが表示されます。

[Did you find this detected anomaly to be helpful?](この検出された異常は役に立ちましたか?)の情報アラートで[Submit assessment](評価を送信)をクリックして、フィードバックを提供し、検出精度の向上に役立ててください。

AWSコスト管理コンソールから異常を表示する

AWSコスト管理コンソールから異常を表示するには次のように操作します。

❶ AWSマネジメントコンソールにサインインしてAWSコスト管理コンソール(https://console.aws.amazon.com/cost-management/home)を開きます。
❷ ナビゲーションペインで、[コスト異常検出]を選択します。必要に応じて、「検出履歴」タブの検索領域を使用して絞り込むことができます。
❸ 「異常の詳細」ページが表示され、異常の根本原因分析とコストインパクトを確認することができます(Eメールアラートの場合と同様にグラフの表示などが可能です)。

Amazon SNSトピックから異常を表示する

Amazon SNSトピックから異常を表示するには次のように操作します。

❶ 個々のアラートを用いてコストモニター用に作成したAmazon SNSトピックにエンドポイントをサブスクライブします。手順については、Amazon Simple Notification Serviceデベロッパーガイドのアmazon SNSトピックへのサブスクライブを参照してください。

❷ エンドポイントがAmazon SNSトピックからメッセージを受信したら、メッセージを開いて「anomalyDetailsLink」に記載されているURLを見つけます。下記の例は、Amazon SNSを介したAWSコスト異常検出からのメッセージです。

```
{
    "accountId": "123456789012",
    "anomalyDetailsLink": "https://console.aws.amazon.com/cost-management/
home#/anomaly-detection/monitors/abcdef12-1234-4ea0-84cc-918a97d736ef/
anomalies/12345678-abcd-ef12-3456-987654321a12",
    "anomalyEndDate": "2021-05-25T00:00:00Z",
    "anomalyId": "12345678-abcd-ef12-3456-987654321a12",
    "anomalyScore": {
        "currentScore": 0.47,
        "maxScore": 0.47
    },
    "anomalyStartDate": "2021-05-25T00:00:00Z",
    "dimensionalValue": "ServiceName",
    "impact": {
        "maxImpact": 151,
        "totalActualSpend": 1301,
        "totalExpectedSpend": 300,
        "totalImpact": 1001,
        "totalImpactPercentage": 333.67
    },
    "monitorArn": "arn:aws:ce::123456789012:anomalymonitor/abcdef12-1234-
4ea0-84cc-918a97d736ef",
    "rootCauses": [
        {
            "linkedAccount": "AnomalousLinkedAccount",
            "linkedAccountName": "AnomalousLinkedAccountName",
            "region": "AnomalousRegionName",
            "service": "AnomalousServiceName",
            "usageType": "AnomalousUsageType"
        }
    ],
    "subscriptionId": "874c100c-59a6-4abb-a10a-4682cc3f2d69",
```

```
    "subscriptionName": "alertSubscription"
}
```

❸ Webブラウザで「anomalyDetailsLink」に記載されたURLを開きます。

❹「異常の詳細」ページに移動します。このページには、異常の根本原因分析とコストインパクトが表示されます。

CHAPTER 04

コスト分析

クラウドサービスの利用料金を把握し分析することは、予算管理やコスト最適化を行うために極めて重要です。コスト分析を行うことで、無駄な支出を特定し、リソースを最適に利用することの一助とし、突発的なコスト増加による驚くような請求を受けることを防ぐのに役立ちます。コスト分析はクラウド利用者の目的の達成の効率化に寄与し、適切なサービスプランの選択やスケーリング戦略の検討に繋がります。持続的なコスト分析はクラウド利用において肝要であります。AWSにはコストを計算、整理、予測、抑制など行う多くのサービスがあります。この章では、コスト分析に有用なCUR(Cost and Usage Report)と、BI(Business Intelligence)ツールであるAmazon QuickSightを利用したコスト分析方法を紹介します。

Amazon QuickSightとは

Amazon QuickSightはAWSが提供するビジネスインテリジェンス(BI)サービスであり、分析や視覚化を簡素化し、クラウド上でのデータの理解をサポートします。

Amazon QuickSightの特徴

Amazon QuickSightの特徴は、次の通りです。

▶クラウドベース

AWSのクラウド基盤を活用しており、スケーラビリティが高いサービスです。

▶高速で直感的なビジュアライゼーション

組み込まれた機械学習機能により、データからパターンを抽出し、自動的に最適なビジュアライゼーションを提供します。

▶アクセスコントロール

細かいアクセスコントロールにより、データのセキュリティを確保できます。

▶高度な分析機能

豊富な分析機能があり、高度なデータ分析が行えます。

Amazon QuickSightのメリット

Amazon QuickSightは次のように、直感的なUI、クラウドベースの柔軟な運用、機械学習の活用など、多くのメリットを備えています。

▶コスト効率

サーバーレスアーキテクチャにより、使用したときのみ課金され、コスト効率が高いサービスです。

▶迅速なデータ可視化

直感的なデータ可視化が可能で、リアルタイムでデータにアクセスし、最新の情報を提供できるため、データ分析を迅速に行えます。

▶AWSサービスとの統合

AWSサービスとの親和性が高く、RedshiftやS3などとシームレスに連携できます。

▶使いやすさ

直感的なUIとシンプルな操作性があり、ユーザーフレンドリーです。

▶さまざまな分析機能

簡単なデータ分析から高度な分析まで、豊富な分析機能を備えており、柔軟に対応可能です。

▶機械学習の活用

機械学習によるスマートな分析ができます。

▶クラウド上での利便性

クラウド上での運用により、手軽な導入と管理が可能で、また、さまざまな場所からアクセスできるため利便性が向上します。

▶柔軟な価格設定

利用量に応じた柔軟な価格設定があります。

SECTION-023

AWS Cost and Usage Report(CUR)とは

AWS Cost and Usage Report(CUR)は、AWSの利用料金と使用状況に関する詳細なデータを提供するサービスです。このレポートは、利用者がAWS上でのリソースの使用状況と関連する費用に関する洞察を得るのに役立ちます。

AWS Cost and Usage Report(CUR)の特徴

AWS Cost and Usage Report(CUR)の特徴は次の通りです。

▶APIを利用可能

AWS Cost Explorer APIを利用してデータを取得できます。

▶細かい利用状況の把握

リソースごとの使用状況や料金に関する細かいデータにより利用状況が把握できます。

▶カスタマイズ可能なフォーマット

ユーザーがカスタマイズ可能な形式でデータを取得し、カスタムレポートを作成して必要な情報を取得できます。

▶AWS Organizationsとの統合

AWS Organizationsと統合して、複数のアカウントからのデータをまとめて取得できます。

▶過去のデータを利用した時系列に沿った分析可能

過去のデータも保持され、時系列観点でコストの変遷などを把握できます。

AWS Cost and Usage Report(CUR)のメリット

AWS Cost and Usage Report(CUR)を利用することは、次のように多くのメリットを備えています。

▶ビジネス上の意思決定に寄与

詳細なデータがビジネス上の意思決定をサポートします。

▶透明性の向上

詳細なデータが提供されるため、利用者はリソースの使用状況を仔細に把握できます。

▶予算の管理性の向上

使用状況と費用のトレンドを把握し、正確な請求情報を得ることで、コストを正確に理解できます。

これらの情報から、AWS Cost and Usage Report(CUR)は細かいデータ提供と透明性向上が特徴であり、利用者は詳細な使用状況やコスト情報を把握しやすくなっています。一方で、はじめての利用者にとっては情報が複雑で理解が難しい側面もあるため、慎重に利用する必要があります。

SECTION-024

「QuickSightとCUR」を使用したコスト分析のハンズオン

ここではAWS Cost and Usage Report(CUR)をAmazon QuickSightに取り込み、可視化を行ってみます。

AWSのコストと使用状況レポート(CUR)を取り込んで可視化するには、次の操作を行います。

コストと使用状況レポートの作成

まず、コストと使用状況レポートを作成します。次のように操作します。

❶ サービス検索窓に「Cost and Usage Report」と入力し、「コストと使用状況レポート」の画面を表示します。

❷ [レポートの作成]ボタンをクリックします。

❸「レポートの詳細の指定」の画面が表示されるので、[レポート名]に一意の名前を入力します。

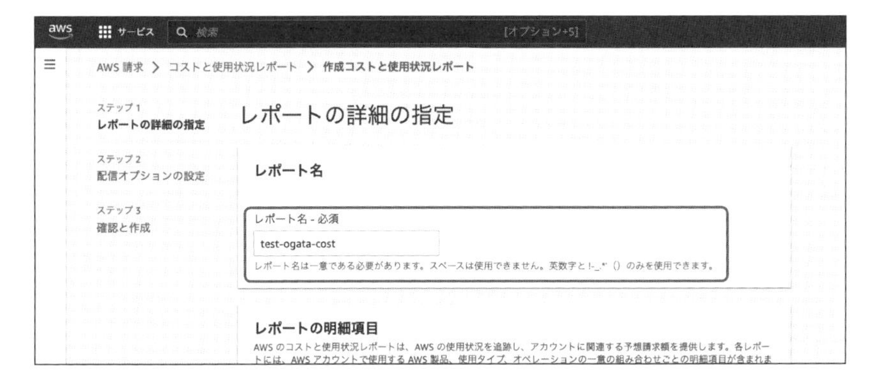

❹「レポートデータの処理の設定」にある[自動的に更新]をONにします。これにより料金に変更があった場合に作成済みのレポートが更新されます。その後、[次へ]ボタンをクリックすると、配信オプションの設定のフェーズになります。

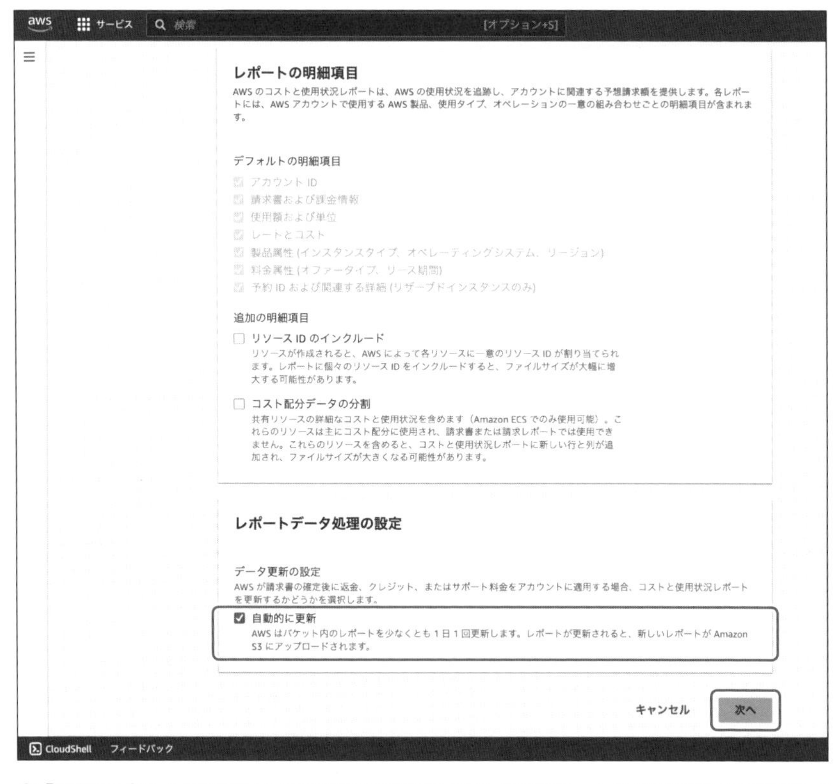

❺「配信オプションの設定」の画面が表示されるので、[S3バケットの設定]にある[設定]ボタンをクリックします。

❻「S3バケットの設定」ダイアログが表示されます。今回はバケットが未作成だったものとし、[バケットの作成]をONにし、[S3バケット名]を入力し、[リージョン]に「アジアパシフィック(東京)」を選択し、[保存]ボタンをクリックして新規作成します。なお、既存のバケットがある場合は[既存のバケットを選択します]をONにすると、利用するS3バケットを指定することもできます。

❼ S3パスプレフィックスは設定が必須のため、[S3パスプレフィックス-必須]欄に適当な名前を付けます。

❽「レポート配信オプション」にある[レポートデータの統合]では、レポートデータをAmazon QuickSightに取り込むため、[Amazon QuickSight]をONにし、「次へ」ボタンをクリックします。

❾「確認と作成」の画面が表示されるので、表示される設定内容に問題ないか確認し、問題なければ[レポートの作成]ボタンをクリックします。

❿ 作成が成功したら画面の上部に「レポートが正常に作成されました」と表示されます。24時間程経過してからレポートが使用可能になります。

Amazon QuickSightのアカウントの作成

次にQuickSightアカウントを作成し、Amazon S3バケットへのアクセスを許可します。

❶ AWSコンソールの検索窓に「QuickSight」と入力すると表示される画面から「Sign up for Quicksight」ボタンをクリックします。

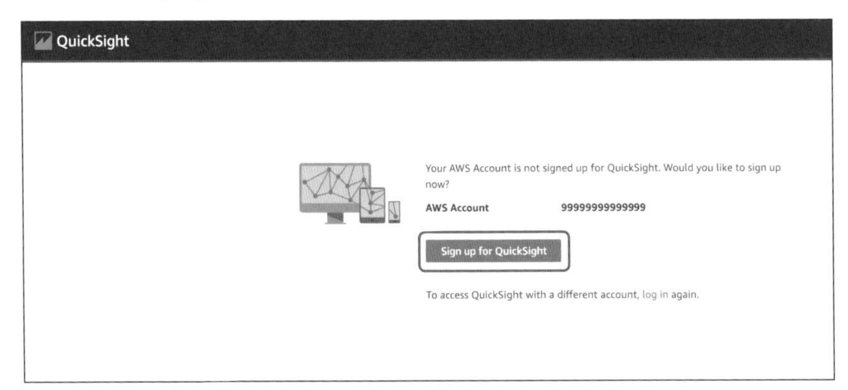

❷ 利用したい機能が使用できるプランを選択します。今回のハンズオンではEnterpriseプランを選択します。[Enterprise]をONにし、[Continue]ボタンをクリックします。

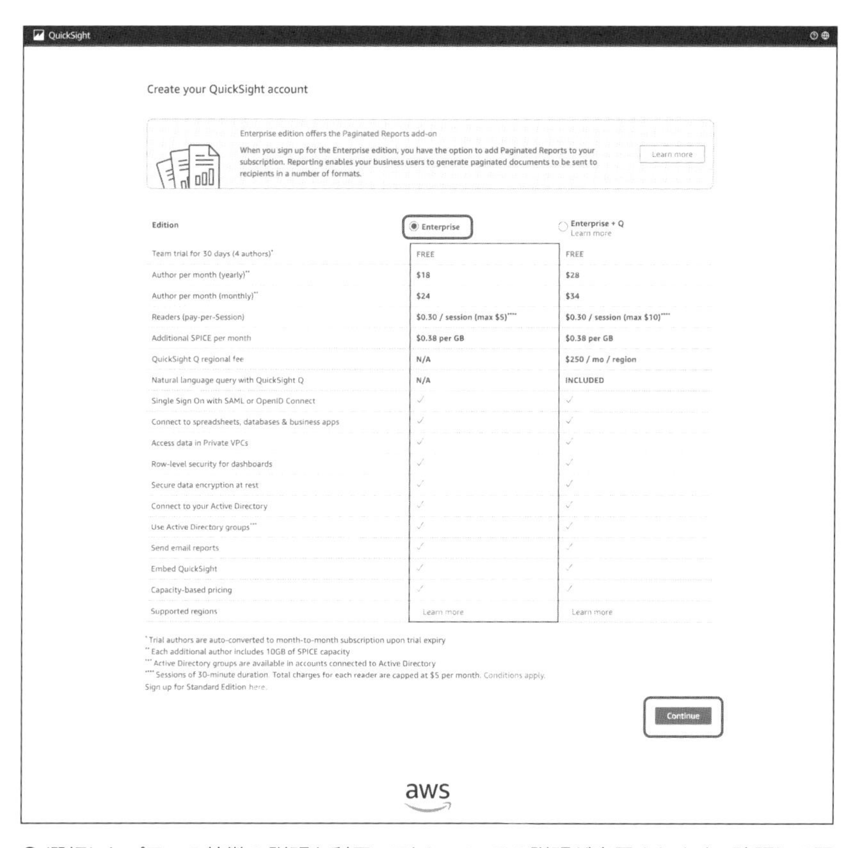

❸ 選択したプランの特徴の説明と利用コストについての説明が表示されます。確認して問題なければ[Yes]ボタンをクリックします。

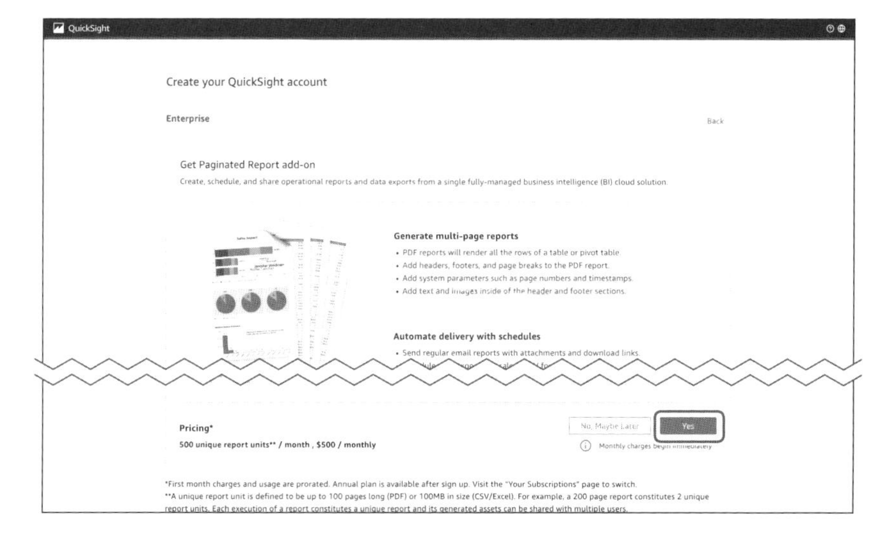

❹ QuickSight利用時の認証方法を選択します。今回は[IAMフェデレーティッドIDとQuickSightで管理されたユーザーを使用する]をONにし、IAMユーザーで認証する方法を選択します。また、[リージョンを選択]では、リージョンはリソースが主に使用されている場所を選択します。通知が必要な場合はEメールアドレスを入力します。

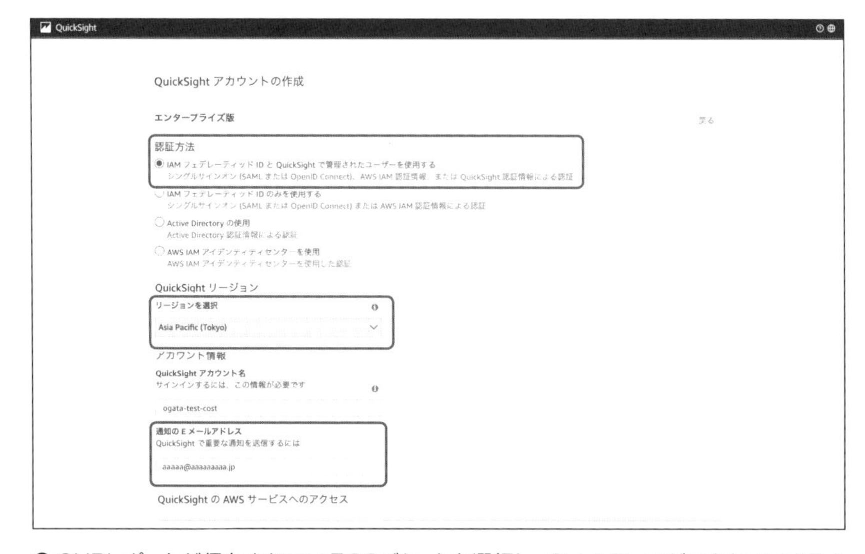

❺ CURレポートが保存されているS3バケットを選択し、QuickSightがアクセスできるようにします。[これらのリソースへのアクセスと自動検出を許可する]の[Amazon S3]の下にある「S3バケットを選択する」をクリックします。

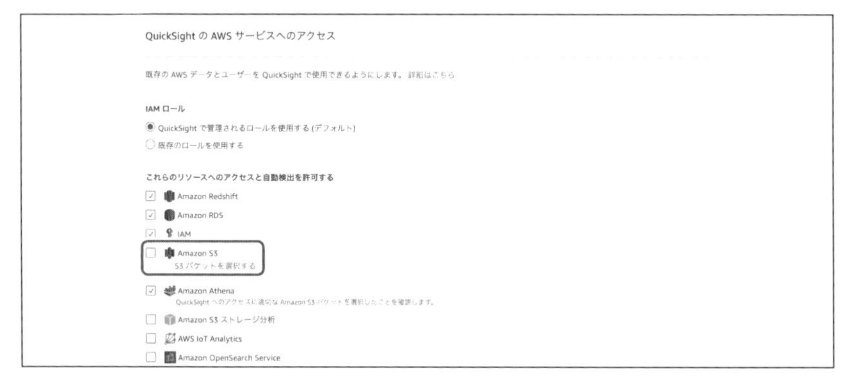

❻「QuickSightアカウントにリンクされているS3バケット」を選択し、利用するS3バケット名の左側のチェックボックスをONにします。また、利用するS3バケット名の右側のチェックボックスもONにして、[完了]ボタンをクリックします。

❼ アカウントが作成されるまで少し時間がかかります。

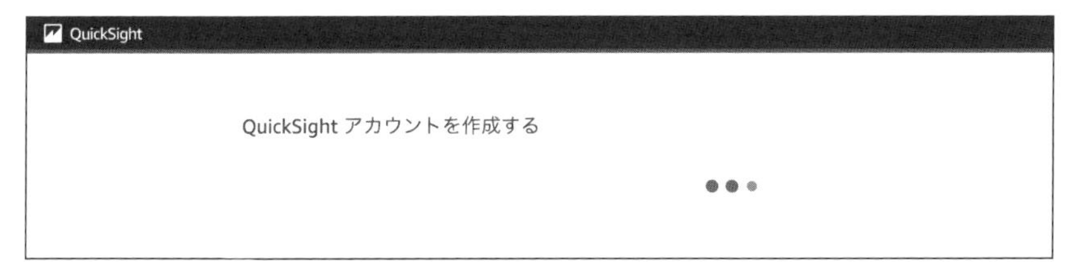

❽ 作成が完了したら以下の画面が表示されます。［Amazon QuickSightに移動する］ボタンをクリックし、利用を開始しましょう。

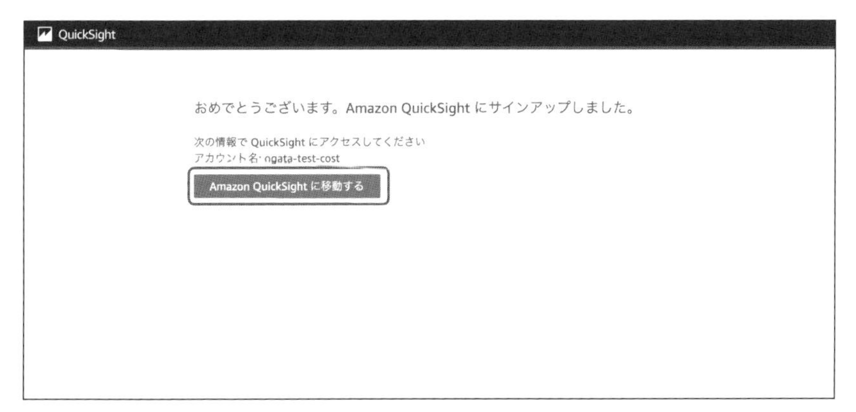

Amazon QuickSightの設定

QuickSightをはじめて開くと、次のような画面が表示されます。

新しい分析を作成してみましょう。次のように操作します。

❶ 画面右上の[新しい分析]ボタンをクリックします。

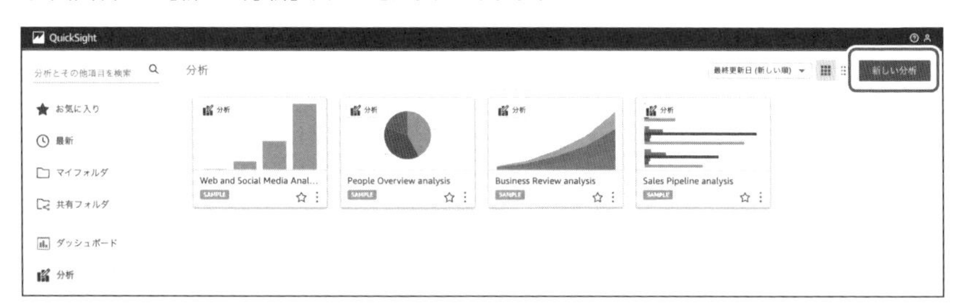

❷ [新しいデータセット]ボタンをクリックします。

❸ 今回はCURのデータを分析に利用するため、データセットとして、「S3」を選択します。Amazon QuickSightがS3バケットにアクセスするための適切なアクセス許可を設定していることを確認してください。設定していない場合、データにアクセスすることはできません。

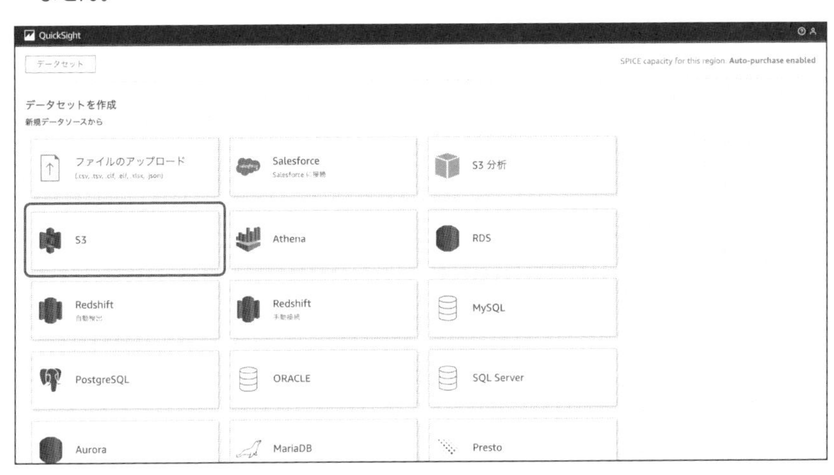

❹「新規S3データータース」の画面が表示されるので、[データソース名]にバケット名を入力し、[マニフェストファイルのアップロード]で[URL]をONにします。

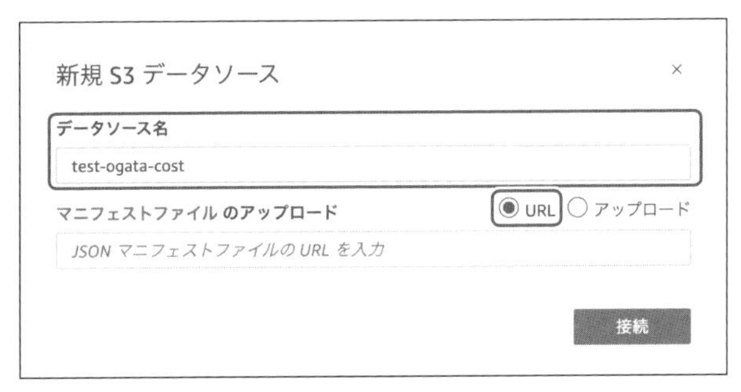

❺ 入力するのはS3に保存されているJSONファイルのURIを入力します。URIを入力したら、❹の画面で[接続]ボタンをクリックします。

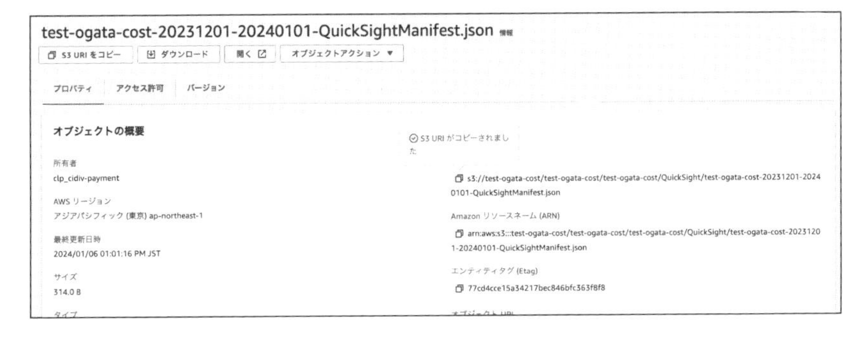

❻ 設定情報の入力が完了すると、次のような画面が表示されます。問題なければ[視覚化する]ボタンをクリックします。

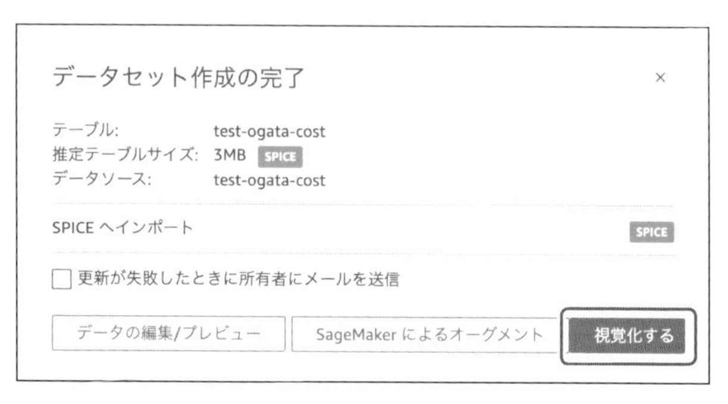

❼ 初回作成なので、新規シートでデフォルトのまま[作成]ボタンをクリックします。

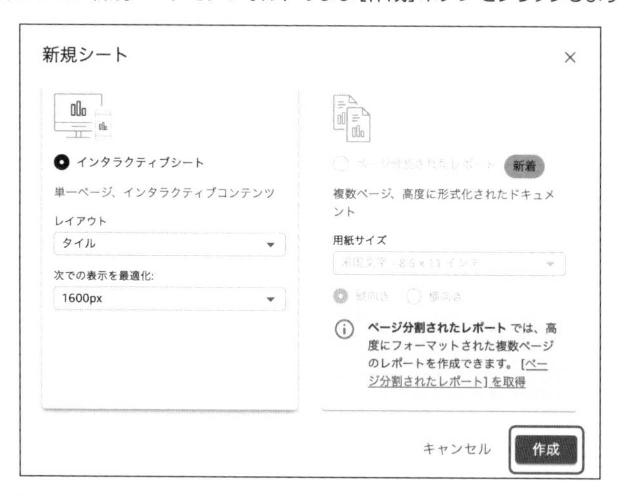

なお、作成できるグラフは以降のページのグラフになります。

QuickSightで作成できるグラフの例

下記にQuickSightで作成できるグラフの一部を紹介します。

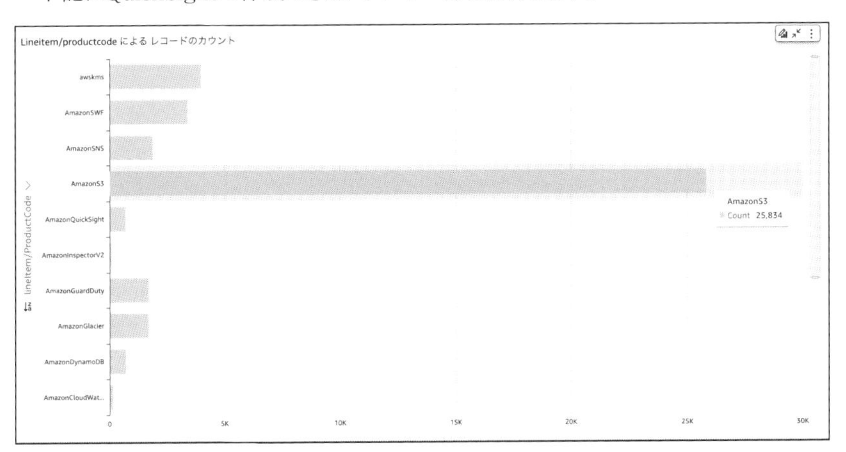

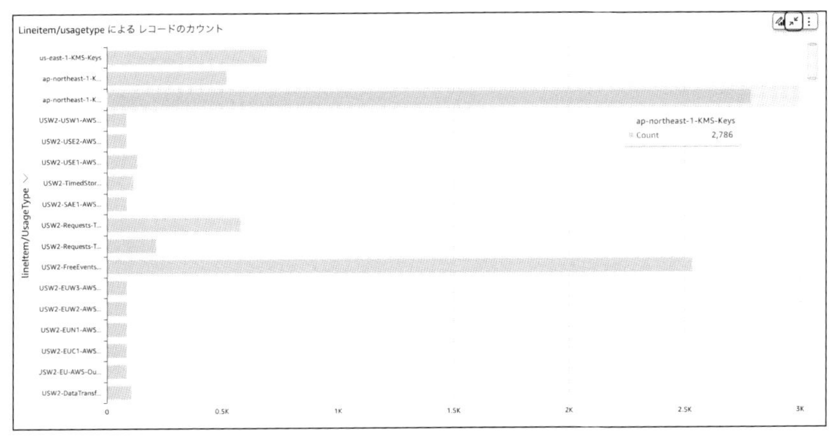

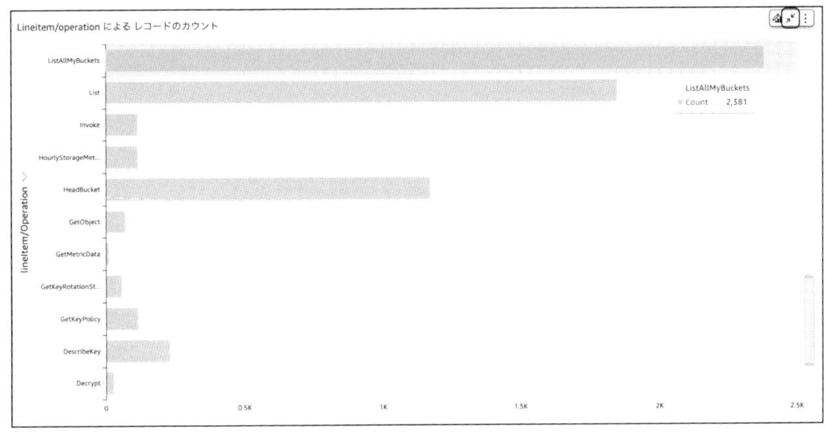

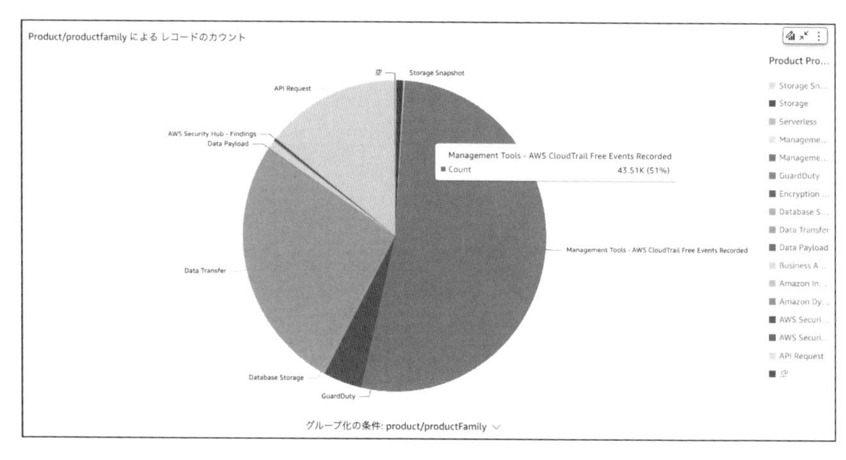

本章では、CURとQuickSightの紹介とそれらを用いたコスト分析の方法について紹介しました。これらは、次章で紹介されるコスト対策にも有用ですので、ぜひご活用ください。

CHAPTER 05

長期にわたるコスト対策

クラウドサービスは従量課金制度を採用しているため、オンプレミス環境と異なり、小規模な価格からスタートできる利便性があります。しかしながら、サービスが拡大し、複雑化し、長期的な利用が進むと、その金額も大きくなることがあります。たとえば、利用ユーザー数の増加に伴って、EC2やRDSの台数を増設し、スペックを増強する必要が生じることがよくあります。

そのため、本章では長期間の利用を前提としたコスト対策に焦点を当てて解説します。

クラウド利用料を削減するための基本方針

コスト最適化サービスを利用する前に、クラウド利用料を削減するための基本方針を挙げます。

不要リソース削除

クラウドを扱う上での基本的なアプローチは、まず不要なリソースを削除することです。たとえば、検証用にEC2インスタンスを起動させ、アプリケーションやミドルウェアの動作確認を行ったとします。即座に再利用の見込みがある場合は停止しておくことも1つの選択肢ですが、基本的には削除をおすすめします。停止しているインスタンスであっても、EBSディスクの利用は費用が発生します。EBSディスク自体は他のサービスと比較して費用がそれほど高くない傾向がありますが、多数のディスクを長期間保持しておくと膨大な費用がかかる可能性があります。

冗長構成を見直す

クラウドを利用する際、AWSの推奨構成やオンプレミス環境を踏襲して、考えなしに冗長構成でインスタンスをマルチAZで構築していないでしょうか。確かに、本番環境や基幹システムのようなダウンタイムを許容できないサービスは、そのような構成が適しています。しかし、開発や検証環境、あるいはそれほど重要でないサービスやシステムに対しても、過剰なRPO/RTOで実装していることが少なくありません。そのため、多少のダウンタイムが許容される場合は、シングル構成も検討してみましょう。

適切なサーバースペックにする

オンプレミス環境での利用時と同じサイズで構築することはよく見られます。高額なインスタンスサイズで運用し、余剰なリソースを持たせて費用を支払い続けることもあり、非常に無駄が多いです。

前述の内容は比較的容易に実施できるものですが、他にも特定の用途に応じて、スポットインスタンスやリザーブドインスタンスを検討することもあります。本来、どのサービスに過剰に費用を支払っているかを特定する必要があります。これをより効果的に行うために、各種サービスに関して詳細に解説していきます。

SECTION-026

コスト最適化サービスの概要

コスト最適化サービスとしては、次のようなものがあります。

EC2 RI(リザーブドインスタンス)

EC2 RI(リザーブドインスタンス)は、EC2インスタンスの使用コストを節約する割引プランです。リザーブドインスタンスを購入したユーザーは、インスタンスタイプ、プラットフォーム、テナンシー、リージョン、AZ(アベイラビリティゾーン)などの属性を設定できます。

既存の環境または新しいオンデマンドインスタンスで設定した属性に適合する場合、そのインスタンスはリザーブドインスタンスの対象となり、割引料金が適用されます。これはアカウントの新規または既存のオンデマンドインスタンスに対する自動割引として機能します。主な用途は、長期間(24時間365日)にわたり基幹系システムで使用することが適しています。

一方で、デメリット(注意事項)としては、誤って購入した場合のキャンセルや払い戻しができないことが挙げられます。購入先のリージョンにも十分な注意が必要です。また、スペックがある程度固定されているため、クラウドの柔軟性が損なわれます。これに伴い、サーバーを停止しても課金は継続されます。購入後のキャンセルは不可能であり、途中での解約もできません。

Savings Plans

Savings Plansは、1年間または3年間のスパンで1時間につき何ドル分のAWSを利用するかという契約で、対象のAWSサービスの費用を割引できる仕組みです。

「Compute Savings Plans」「EC2 Instance Savings Plans」「Amazon SageMaker Savings Plans」の3種類を提供しており、他にもCloudFront向けの「Amazon CloudFront Security Bundle」もあります。

また、支払いオプションも次の3種類があります。

支払いオプション	説明
前払いなし	毎月の請求
一部前払い	前払いの半分以上の支払いあり、残りは毎月の請求
全額前払い	最低価格を提供かつ1度の支払いで請求

リザーブドインスタンスと同様、修正およびキャンセルはできない仕様になっています。また、リザーブドインスタンスよりも対象サービスが少なく、その上、Savings Plansの適用対象はプランを購入したアカウントに限られます。

▶Savings Plansとリザーブドインスタンスの比較

ここでSavings Plansと先ほどのリザーブドインスタンスとの違いを見てみましょう。

	Savings Plans	リザーブドインスタンス
サービスの概要	「一定期間、一定の使用」をもとに大幅なコスト削減を実現するサービス	「一定期間の使用」をもとに大幅にコスト削減ができるサービス
契約内容	1年もしくは3年の期間で特定量(USD/時間)を契約	1年もしくは3年の期間でキャパシティ予約が可能(1年/3年は特定のインスタンスタイプで使用を決める)
プランタイプ	・Compute Savings Plans ・EC2 Instance Savings Plans	・スタンダードRI ・コンバーティブルRI

ここで比較した通り、購入時の注文方法が大きく両者で異なります。
リザーブドインスタンス(RI)の場合は、リージョン、インスタンスタイプ、テナンシー、OSを台数と期間を詳細に決めます。そのため、少しでもその条件に合致しないと適用されず購入したインスタンスが無駄になることがあります。

Saving Planの場合は条件に合致インスタンスに見合う金額をユーザー自ら費用計算を行います。そのためリザーブドインスタンスよりも条件が緩く、属性の広くインスタンスの割引の恩恵が受けられるように自動適用されます。

AWS Trusted Advisor

AWS Trusted Advisorは自動で環境内の無駄なコストをチェックしてくれるサービスです。AWS Trusted Advisorの主要なサービスを使用するためには、ビジネスサポートプラン以上が必要です。ただし、セキュリティカテゴリの一部とサービスの制限に関するチェックはベーシックとデベロッパーでも使用可能です。

▶AWS Security Hubと統合

AWS Security Hubのセキュリティ基準「Foundational Security Best Pracitices」の結果をTrusted Advisorに取り組むことが可能です。

下記の使用条件が存在します。

- AWSのビジネスサポートプラン以上に加入している
- SecurityHubを有効にして、「AWS Foundational Security Best Practices v1.0.0.」を有効にしている
- Security Hubのセキュリティ基準を使用するためには、対象のAWSリージョンで、事前にAWS Config の有効化

▶AWS Well-Architected Toolとの統合

AWS Well-Architected Toolのレビュー結果における高リスク問題の有無をAWS Trusted Advisor で確認することが可能です。

また、AWS Trusted Advisorでは、AWS Well-Architectedフレームワークの次の4つをサポートしています。

- コスト最適化
- パフォーマンス効率
- セキュリティ
- 信頼性

▶AWS Trusted Advisorのベストプラクティスチェックリスト

AWS環境を最適化することで、コスト削減、パフォーマンスの向上、セキュリティの向上に役立つオンラインリソースとなります。

たとえば、セキュリティグループの設定を見直して、不要ポート解放や不要リソースの洗い出しや、構築した環境がベストプラクティスかどうかの確認に役立ちます。

●コスト最適化

アイドル状態のRDSインスタンス、活用されていないEBSボリューム、未使用のElastic IPアドレスなどを特定し、コスト削減を提案します。

たとえば、次のようなものがチェックできます。

- EC2リザーブドインスタンス
- アイドル状態のRDSインスタンス
- 使用率の低いEC2インスタンス
- 関連付けられていないElastic IPアドレス

●パフォーマンス

EBSのスループットやEC2インスタンスのコンピューティング使用量を分析してパフォーマンスを向上します。

たとえば、次のようなものがチェックできます。

- EC2インスタンスからのEBSスループット最適化
- EC2インスタンスセキュリティグループルールの増大
- 使用率の高いEC2インスタンス
- 利用率が高すぎるEBSマグネスティックボリューム

● セキュリティ

AWSセキュリティ機能の有効化や設定のチェックによりユーザーのセキュリティ向上を支援します。

たとえば、次のようなものがチェックできます。

- セキュリティグループ(開かれたポート)
- AWS CloudTrailロギング
- EBSパブリックスナップショット
- IAMアクセスキーローテーション
- ルートアカウントのMFA
- 公開されたアクセスキー

● 耐障害性

オートスケーリング、ヘルスチェック、マルチAZ、バックアップ機能などを使用してAWSリソースの可用性を向上します。

たとえば、次のようなものがチェックできます。

- ロードバランサーの最適化
- Amazon RDS Multi AZ
- Amazon Routea53 フェイルオーバーリソースレコードセット
- Amazon Direct Connect接続の冗長性
- EBSスナップショット

● サービス制限

AWSアカウントに作成できるリソースの最大数(サービスクォータ)を監視し、最大数の80%以上に達した場合に、ユーザーに通知します。

たとえば、次のようなものがチェックできます。

- EBSアクティブなスナップショット
- EC2オンデマンドインスタンス
- IAMユーザー、RDS DBインスタンス
- SES日次送信クォータ、VPC Elastic IPアドレス
- VPCネットワークインターフェイス

SECTION-027

AWS Compute Optimizerのハンズオン

ここではAWS Compute Optimizerの推奨を利用してEC2のインスタンスサイズ変更を行ってみます。注意点としてインスタンスサイズ変更する際は、停止が必要となります。そのため、サービス稼働中はシステムへの影響があるため、注意してください。

推奨レポートの確認

AWSマネジメントコンソールから、[ご利用の開始]ボタンをクリックし、ダッシュボード画面が表示させせます。

URL https://console.aws.amazon.com/compute-optimizer/

AWS Compute Optimizerを設定後はAWSリソース表示まで時間がかかります。すぐに表示されない場合もあるので、AWSリソースの表示がない場合は、半日程度、待っていてください。

表示されたら対象の「EC2インスタンス」の項目を見てみましょう。[結果]セクションで使用中のインスタンスの推奨レポートが確認でき、今回はプロビジョニング不足が出ています。

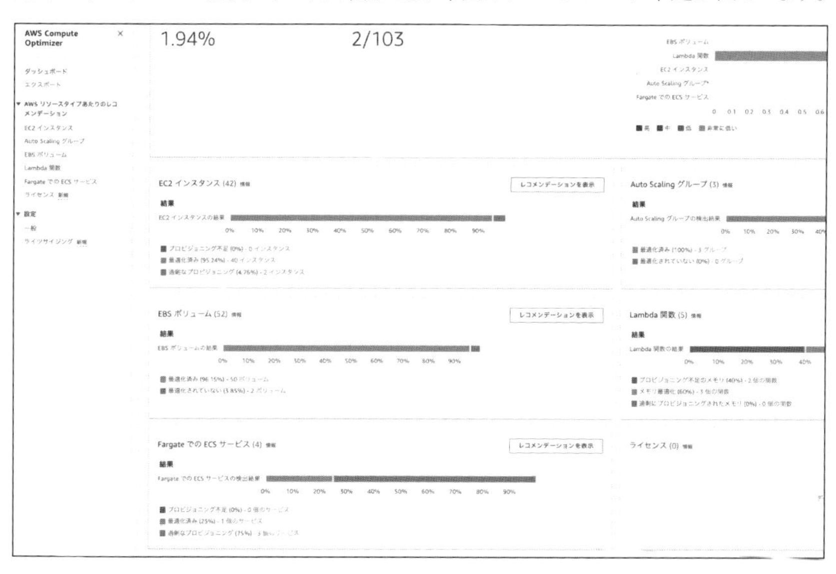

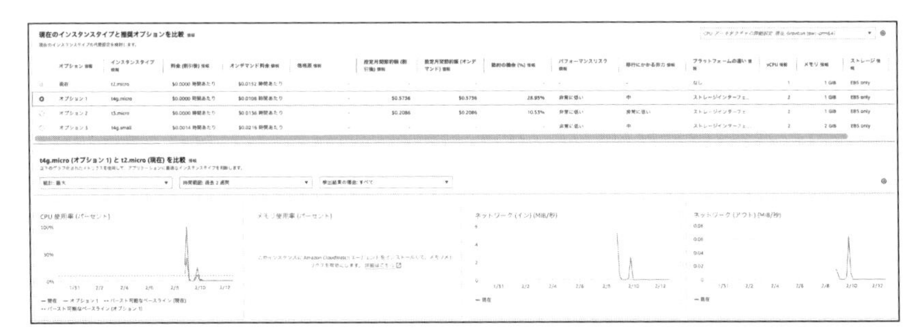

EC2インスタンス、Auto Scalingグループ、Lambda関数、および、ECSサービスの場合、[結果]セクションは、次の3つに分類されます。

- プロビジョニング不足
- 過剰なプロビジョニング
- 最適化済み

ここでEC2インスタンスの結果の分類について挙げます。

▶プロビジョニング不足

CPU、メモリ、ネットワークなど、EC2インスタンスの1つ以上の要素がワークロードのパフォーマンス要件を満たしていない場合、そのインスタンスはプロビジョニング不足と見なされます。このような状況では、アプリケーションのパフォーマンスが低下する可能性があります。

▶過剰なプロビジョニング

CPU、メモリ、ネットワークなど、1つ以上の要素をサイズダウンしてもワークロードのパフォーマンス要件を満たす場合や、どの仕様もプロビジョニング不足でない場合、EC2インスタンスは過剰プロビジョニングとみなされます。このような状況では、余分なインフラストラクチャコストが発生する可能性があります。

▶最適化済み

CPU、メモリ、ネットワークなど、インスタンスのすべての要素がワークロードのパフォーマンス要件を満たし、かつ過剰プロビジョニングされていない場合、EC2インスタンスは最適化されているとみなされます。インスタンスの最適化を図るために、Compute Optimizerは新世代のインスタンスタイプを推奨する場合があります。

対象のインスタンスの選択

対象のインスタンスを選択してみます。ここで「t2.micro」から「t4g.micro」「t3.micro」「t4g.small」への変更が推奨されました。

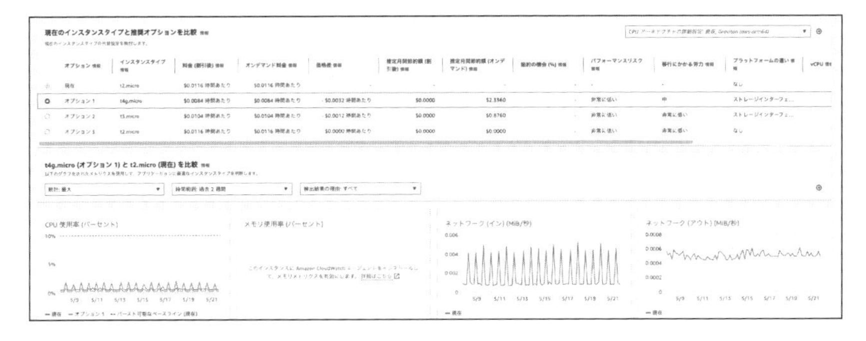

インスタンスタイプの変更

EC2インスタンスを推奨されるサイズに変更をし、プロビジョニング不足のステータスが変更されるか確認してみましょう。次のように操作します。

❶ Amazon EC2コンソール(https://console.aws.amazon.com/ec2/)を開きます。

❷ ナビゲーションペインで、[インスタンス]→[Instance state(インスタンスの状態)]→[Stop instance(インスタンスの停止)]の順に選択し、[Stop]を選択します。インスタンスが停止するまで、数分かかる場合があります。

❸ インスタンスが選択された状態で、[Actions(アクション)]、[Instance settings(インスタンス設定)]、[Change instance type (インスタンスタイプの変更)]の順に選択します。状態が「stopped」ではないインスタンスの場合、このオプションはグレー表示されます。

❹ [Change instance type]8インスタンスタイプの変更9から[Instance type]8インスタンスタイプ) で、使用するインスタンスタイプを選択します。

❺ ここで変更後にもう一度、AWS Compute Optimizerを参照してみましょう。「過剰なプロビジョニング」から「最適化済み」となっていることを確認してみてください。

EPILOGUE

皆さん、この本を手に取っていただき、誠にありがとうございます。

この書籍を通じて、AWS（Amazon Web Services）の世界に一歩踏み出した皆さんが、新たな知識を手に入れ、プロジェクトやビジネスに活かしていただけることを心より願っています。AWSは、クラウドコンピューティングの分野でリーディングカンパニーの1つとして、幅広いサービスと機能を提供しています。しかし、その多様性と急速な進化のために、初心者から経験豊富なプロフェッショナルまで、誰もが挑戦を感じることもあるでしょう。

この書籍では、AWSの初心者向けに、実践的なアプローチで解説してきました。AWSスクール生や教師側（業界未経験者など）、IT系の学生が独学で学習できる（クラウドに興味がある学生など）、職業訓練校（IT系のコースで利用）や、すでにAWSを導入しているが、コスト面での見直しをしたい小規模企業や個人事業主などにも役立つ内容となっています。

ただ、著者は3人とも初の執筆活動かつ、AWSコスト面についてあまり深掘った業務をしてこなかったため、苦労しました。しかし、技術は常に進化しています。新しいサービスやベストプラクティスが登場し、古い情報が時とともに陳腐化していきます。そのため、この本が書かれた時点から数年が経過した今、AWSの世界はまた新たな変化を遂げていることでしょう。技術の変化に対応するためには、常に学び続ける姿勢が求められます。

この書籍が、AWSの学習の第一歩となり、皆さんの学びの助けになれば幸いです。さらに深く掘り下げ、新しいサービスや機能を探求し、自らのプロジェクトやビジネスに活かしていくことをおすすめします。

最後に、この書籍の制作に関わったすべての方々に感謝の意を表します。編集者、デザイナー、校正者、そして何よりも、この本を手に取ってくださる皆さんに心から感謝申し上げます。今後も技術の進化に対応し、より良い情報を提供できるよう努めてまいりますので、今後ともよろしくお願い申し上げます。

2024年5月

アイレット株式会社
緒方遼太郎、久志野裕矢、濱田匠

INDEX

数字

1日の予約使用率予算 ………… 78

A

Amazon Data Lifecycle Manager …… 35
Amazon EBS ………… 65
Amazon EventBridge ………… 39
Amazon QuickSight ………… 92,100
Amazon RDS ………… 21,24,38
Amazon SNSトピック ………… 88
Assume percentage discount for my estimate ………… 65
AWS Billing and Cost Management ………… 10
AWS Budgets ………… 75,77
AWS Compute Optimizer ………… 115
AWS Cost and Usage Report ………… 94
AWS Cost Anomaly Detection … 80,81
AWS Cost Categories ………… 68
AWS Cost Categorories ………… 69
AWS Cost Explorer ………… 12,13,81
AWS Pricing Calculator …… 48,56,59
AWS Security Hub ………… 112
AWS Trusted Advisor ………… 112
AWS Well-Architected Tool ………… 113
AWSアカウント ………… 19
AWSコスト管理コンソール ………… 87
AWSのサービス ………… 83

B

BI ………… 92

C

Compute Savings Plans ………… 63
CUR ………… 94

E

EBSスナップショット ………… 35
EC2 Instance Savings Plans ………… 63
EC2 RI ………… 111
EC2インスタンス ………… 21
EC2の仕様 ………… 61
EIP ………… 21,23
ElastiCache ………… 25
Elastic IPアドレス ………… 21,23
ELB ………… 21
Expected utilization ………… 64
Eメールアラート ………… 87

G

GitHub ………… 20
git-secrets ………… 20
Google Authenticator ………… 52

I

IAMユーザー ………… 10

J

JSONエディタ ………… 70

M

MFA ………… 50

Multi Factor Authentication ………… 50

N

NATゲートウェイ ………… 21

O

OCB ………… 21

S

Savings Plans ………… 111
StopDBCluster ………… 42

あ

アクセスキー ………… 20
アラートサブスクリプション ………… 84
按分 ………… 71

い

異常検出サービス ………… 80
異常の詳細 ………… 87
一部前払い ………… 111
一部前払いと月払い ………… 64
インスタンス数 ………… 61
インスタンスタイプの変更 ………… 117

え

エクスポート ………… 56

お

お支払いオプション ………… 63,64
オペレーティングシステム ………… 61
オンデマンド ………… 64

か

過剰なプロビジョニング ………… 116
カテゴリルール ………… 70

き

機械学習モデル ………… 80
均等分割 ………… 71

く

グラフ ………… 16,107
グループ化条件 ………… 17
クレジットカード ………… 19

け

月次コスト予算 ………… 78,79
月末の予測コスト ………… 14
検出履歴 ………… 86

こ

高額課金 ………… 28
高額請求 ………… 20
個々のアラート ………… 84
コスト ………… 12
コスト概要 ………… 14
コストカテゴリ ………… 83

コスト最適化サービス …… 111
コスト追跡サービス …… 75
コストの傾向 …… 14
コスト配分サービス …… 68
コスト配分タグ …… 83
コスト分析 …… 95
コストモニター …… 82
コストを分割 …… 71
固定…… 71
今月のコスト …… 14
コンテナ …… 63

さ

サーバースペック …… 110
再起動…… 24,38
最適化済み…… 116
削減…… 110

し

しきい値 …… 77
時刻…… 17
週次の要約…… 84
詳細オプション …… 17
使用状況…… 12
冗長構成…… 110
情報流出…… 20
初心者…… 28

す

推奨レポート …… 115
ストレージ …… 65
ストレージ量 …… 65
スナップショット …… 24,35
スポットインスタンス…… 64

せ

税金…… 57
ゼロ支出予算…… 78
全額前払い…… 64,111

た

タグエディタ …… 32

て

テナンシー …… 61
テンプレート …… 78

に

日次のSavings Plansのカバレッジ予算 … 78
日次の要約…… 84
日別の非ブレンドコスト…… 15

は

パブリックIPアドレス…… 29

ひ

ビジネスインテリジェンス…… 92

ふ

フィルタリング …… 17

不使用リソース ………… 32

不正利用 ………… 19,50

不要リソース ………… 110

プロビジョニング不足 ………… 116

ま

前払いなし ………… 64,111

み

見積もり ………… 56

身に覚えがない請求 ………… 18

む

無料枠 ………… 22,47

も

モニタータイプ ………… 83

よ

予算 ………… 77

予算タイプ ………… 78

予想使用量 ………… 64

予約期間 ………… 64

ら

ライフサイクルマネージャー ………… 35

り

リージョン ………… 23

リザーブドインスタンス ………… 111

リソース ………… 20,23

料金 ………… 10

利用料 ………… 110

る

ルートユーザー ………… 10

ルールビルダー ………… 70

ルックバック期間 ………… 73

れ

レポート ………… 94

レポートパラメータ ………… 17

連結アカウント ………… 83

わ

ワークロード ………… 61

割引率 ………… 65

参考文献(各ツールの公式ドキュメントのURLの一覧)

■CHAPTER 01

- AWS Cost Explorer
〔https://docs.aws.amazon.com/ja_jp/cost-management/latest/userguide/ce-what-is.html〕

■CHAPTER 02

- EIP
〔https://docs.aws.amazon.com/ja_jp/AWSEC2/latest/UserGuide/elastic-ip-addresses-eip.html〕

- AWS Trusted Advisor
〔https://aws.amazon.com/jp/premiumsupport/technology/trusted-advisor/〕

- AWS Resource Groups & Tag Editor
〔https://docs.aws.amazon.com/ja_jp/ARG/latest/userguide/supported-resources.html〕

- Amazon Data Lifecycle Manager
〔https://aws.amazon.com/jp/ebs/data-lifecycle-manager/〕

- Amazon EventBridge
〔https://aws.amazon.com/jp/eventbridge/〕

- AWS無料枠
〔https://aws.amazon.com/jp/free/〕

- AWSでのMFA
〔https://docs.aws.amazon.com/ja_jp/IAM/latest/UserGuide/id_credentials_mfa.html〕

■CHAPTER 03

- AWS Pricing Calculator
〔https://docs.aws.amazon.com/ja_jp/pricing-calculator/latest/userguide/what-is-pricing-calculator.html〕

- AWS Cost Categories
〔https://docs.aws.amazon.com/ja_jp/awsaccountbilling/latest/aboutv2/manage-cost-categories.html〕

- AWS Budgets
〔https://docs.aws.amazon.com/ja_jp/cost-management/latest/userguide/budgets-managing-costs.html〕

- AWS Cost Anomaly Detection
〔https://docs.aws.amazon.com/ja_jp/cost-management/latest/userguide/getting-started-ad.html〕

■CHAPTER 04

- Amazon QuickSight
〔https://aws.amazon.com/jp/quicksight/〕

- AWS Cost and Usage Report
〔https://aws.amazon.com/jp/aws-cost-management/aws-cost-and-usage-reporting/〕

■CHAPTER 05

- AWS Compute Optimizer
〔https://docs.aws.amazon.com/compute-optimizer/latest/ug/what-is-compute-optimizer.html〕

■著者紹介

おがた りょうたろう

緒方 遼太郎

2022年にアイレット入社。MSP(Managed Service Provider)チームで24時間365日のITインフラシステム運用・保守・監視に携わり、現在はグローバルソリューションズ事業部にてプリセールスおよびCSM(Customer Success Manager)ポジションとして国内外のお客様を担当。AWS認定資格13個保有、2024年Japan AWS All Certifications Engineers。
また、Google Cloud認定資格11個すべての資格を保有。趣味は映画鑑賞。

くしの ゆうや

久志野 裕矢

2022年12月にアイレット株式会社に入社し、カスタマー支援事業部インフラセクションに所属するエンジニア。
主な業務はTerraformやAnsibleを使用したIaCによるインフラ構築や運用保守を行う。
アイレット入社前は、SES企業でAWSとオンプレミスのハイブリッド環境の運用保守や、オンプレミス環境の仮想マシンをAWSへの移行などを経験。

はまだ たくみ

濱田 匠

2021年2月にアイレットに入社後、MSPチームで24時間365日のシステム運用・監視に従事。
障害以外の運用全般や業務効率化などの改善を実施し、2022年4月に大阪拠点のMSP運用セクションのグループリーダーに就任。運用設計から実務全般のマネジメントを担当。
2023年4月からは、新規サービスの立上げメンバーとして選出される。
企業さまにさらなる価値を出すための新規事業、"カスタマーサクセス"事業チームの立上げメンバーに選出され、1年の企画・サービス設計を経てリリースに携わる。
2023年10月には、新規事業チームのグループリーダーに就任し、現在は組織のマネジメントや新しいサービスの企画などに従事している。
AWS認定試験は、12個の認定すべてを取得。2024年Japan AWS All Certifications Engineersに認定される。
GCPの資格に関してもアソシエイトとプロフェッショナルを含め8個の資格を取得済み。。

■アイレット株式会社について

アイレット株式会社は、システム・アプリケーションの開発、グラフィック・UI/UXデザイン制作からインフラの構築・運用までをワンストップで提供しています。2010年に提供を開始したクラウドの導入・設計から24時間365日の運用・保守までのフルマネージメントサービス「cloudpack」は、現在まで2,500社、プロジェクト数4,300を超える導入実績があり、スタートアップ企業から大企業まで、規模や業種を問わずお客様の課題解決を支援しています。

URL https://www.iret.co.jp/

編集担当 ： 吉成明久 / カバーデザイン ： 秋田勘助（オフィス・エドモント）
イラスト ： ©barsrsind - stock.foto

ハンズオンで学ぶ AWSコスト最適化入門

2024年6月28日　初版発行

著　者　緒方遼太郎、久志野裕矢、濱田匠

発行者　池田武人
発行所　株式会社　シーアンドアール研究所
新潟県新潟市北区西名目所 4083-6（〒950-3122）
電話　025-259-4293　FAX　025-258-2801
印刷所　株式会社　ルナテック

ISBN978-4-86354-443-7 C3055